**本书由**
国家哲学社科规划项目"黑河流域环境评价与监管综合指标体系研究"
甘肃省科技厅软科学专项"能源环境约束下甘肃省产业结构优化路径选择"
资助出版

# 黑河流域环境影响的
# 时空差异研究

武翠芳 著

兰州大学出版社
LANZHOU UNIVERSITY PRESS

**图书在版编目（ＣＩＰ）数据**

黑河流域环境影响的时空差异研究 / 武翠芳著. --
兰州 : 兰州大学出版社，2019.1
ISBN 978-7-311-05565-3

Ⅰ．①黑… Ⅱ．①武… Ⅲ．①黑河－流域环境－环境
影响－区域差异－研究 Ⅳ．①X821.240.3

中国版本图书馆CIP数据核字(2019)第019590号

| | |
|---|---|
| 策划编辑 | 梁建萍 |
| 责任编辑 | 马继萌 |
| 封面设计 | 陈　文 |
| 封面图片 | 陈仁升 |

| | |
|---|---|
| 书　　名 | 黑河流域环境影响的时空差异研究 |
| 作　　者 | 武翠芳　著 |
| 出版发行 | 兰州大学出版社　（地址:兰州市天水南路222号　730000) |
| 电　　话 | 0931-8912613(总编办公室)　0931-8617156(营销中心)<br>0931-8914298(读者服务部) |
| 网　　址 | http://press.lzu.edu.cn |
| 电子信箱 | press@lzu.edu.cn |
| 印　　刷 | 北京虎彩文化传播有限公司 |
| 开　　本 | 787 mm×1092 mm　1/16 |
| 印　　张 | 9.25 |
| 字　　数 | 170千 |
| 版　　次 | 2019年1月第1版 |
| 印　　次 | 2019年1月第1次印刷 |
| 书　　号 | ISBN 978-7-311-05565-3 |
| 定　　价 | 30.00元 |

（图书若有破损、缺页、掉页可随时与本社联系）

# 前　言

环境是人类生存和发展的基本条件，是社会经济可持续发展的根本保障。随着社会经济对生态环境需求的增加，以及资源的日益稀缺，导致环境不公平问题日益凸显。黑河流域属于典型的内陆河流域，水资源缺乏，生态环境脆弱，具有干旱内陆河流域的一切特点，环境经济问题十分突出，加强流域环境评价与监管综合指标体系研究对流域社会经济可持续发展具有重要的理论意义和实践价值。

对黑河流域环境影响的时空差异研究主要是从环境影响评价着手，从公平的角度对黑河流域居民环境影响时空差异进行分析，并提出相应的对策建议。首先对环境影响进行评价。由于水是黑河流域社会经济发展的关键制约因子，因此这里用水足迹表示居民消费对环境的影响。本项目通过社会调查获取2004年、2010年黑河流域居民家庭的消费数据，使用水足迹计算方法获得2004年和2010年黑河流域居民家庭的水足迹消费数据，2004年水足迹计算结果表明，黑河流域下游地区人均水足迹大于中游和上游地区的人均水足迹，上游地区的人均水足迹又大于中游地区的人均水足迹。下游64%的乡镇人均水足迹在1100m³/cap/yr以上，上游地区有60%的乡镇人均水足迹在900～1100m³/cap/yr，而中游地区有73.33%的乡镇人均水足迹在600～900m³/cap/yr；另外，结果表明2004年城市家庭人均水足迹总体上高于农村家庭的人均水足迹。城市人均水足迹为2110.94 m³/cap/yr，农村人均水足迹为845.13 m³/cap/yr。

2010年与2004年黑河流域居民家庭人均水足迹比较表明，无论2010年还是2004年，城市人均水足迹均大于农村人均水足迹。2010年城乡人均水足迹差距比2004年城乡人均水足迹差距有缩小的趋势，但缩小的幅度不大。城市人均水足迹2010年地区差距比2004年有缩小趋势。农村人均水足迹2010年与2004年地区差异变化不显著。

使用泰尔指数（the Theil index）和基尼系数（the Gini coefficient）从空间尺度进行分析，结果表明2004年黑河流域水足迹基尼系数为0.59，泰尔指数为0.32，水资源消费呈现出显著的空间差异性。黑河流域城乡结构分解结果表明，2004年黑河流域城乡之间居民家庭水资源消费差异的泰尔指数为0.19，对总差异的贡献为61.28%，远大于城市或农村内部差异对总差异的贡献度。黑河流域上游、中游与下游空间结构分解结果表明，2004年黑河流域上游、中游与下游区际水资源消费泰尔指数为0.14，对总差异的贡献为43.40%，大于上游或下游内部水资源消费差异对总差异的贡献，小于中游内部水资源消费差异对总差异的贡献，中游内部差异对总差异的贡献为55.05%。因此要消除黑河流域水资源消费差异性，需要从城乡和中游内部重点考虑消除流域水资源消费差异性。

结合夏普里值（Shapley Value）方法和回归解析技术分析黑河流域水资源消费的不公平问题。通过研究发现，人口因素是导致水资源消费不公平的最主要因素。地理因素对资源消费不公平的影响居于第二的位置。收入和消费模式成为影响水资源消费不公平的第三和第四个主要因素。居民生活质量对总不公平的影响处于第五的位置。居民受教育水平和社会资本对不公平的影响最小，分别处于第六和第七的位置。在影响水资源消费不公平的各种因素中，人口、地理因素、收入和消费模式对总不公平的贡献超过70%，是黑河流域水资源可持续利用的关键制约因素。

要减少水足迹消费不平等，第一，应该从控制人口数量，提高人口素质方面着手。第二，要改善各区域经济条件，缩小各区域在经济条件上的差异，在相关水资源管理政策的制定与执行时，应当充分考虑各区域经济条件的差异性。同时要给予各地区平等的经济发展条件，构建公平、合理的发展环境，努力实施区域社会经济协调发展战略。第三，应努力改善农村信贷服务，增加农村居民的收入，来减少收入不平等；促进农村落后地区信息、通信与交通条件的改善，加大农村落后地区的财政教育转移支付力度，全面推进教育改革，努力缩小区域间教育水平差异。第四，提高农村居民的生活质量，改善农村居民的饮食结构，调整农产品的消费比重，减少水资源使用强度较大的粮食产品，增加水资源使用强度较小的鲜菜和瓜果。

从可持续发展原则、系统性、水利部"三条红线"和环保部生态红线控制要求出发，在现有流域环境影响评价和监管的实践经验基础上，对已有流域环境影响评价指标体系和流域水资源监管指标体系研究文献中的指标进行收集，采用系统分析方法，基于环境保护目标要求，提出黑河流域环境影响评价和监管指标体系。指标体系围绕生态修复和水土保持、水资源开发利用、节水、水安全保障四个主题来构建，并从水管理制度创新的角度提出黑河流域水管理对策建议。

# 目　录

# 第一章 绪 论

## 第一节 研究背景和意义

环境问题自古有之,但演变成带有普遍性的重大社会问题,是从产业革命开始的。由于资本主义原始积累的残酷性,加上当时人们对环境污染的危害认识不足,造成了严重的环境污染。进入20世纪,特别是第二次世界大战以后,由于经济建设的迅猛发展,大规模的城市化和工业化使得环境污染由局部扩大到区域,造成了一系列的污染公害事件,对自然环境的破坏也日益扩大(田良,2004)。以扩大开发自然资源和无偿利用环境为主要标志的经济发展方式,一方面创造了巨大的物质财富和前所未有的社会文明,另一方面也造成了全球性的生态破坏、资源短缺、环境污染等重大问题,从根本上削弱和动摇了现代经济社会赖以存在和继续发展的基础。人类经济和社会发展正处于一个紧要的历史关头,温室气体过量排放造成的气候变化、广泛的大气污染和酸沉降、臭氧层破坏、生物多样性迅速减少、有毒有害化学品的污染危害和越境转移、海洋污染和海洋生态系统破坏等,全球性环境问题影响和制约着可持续发展的目标。发展中国家更面临着森林减少、水污染与水资源短缺、土地退化、沙漠化和水土流失等发生面广、影响深远的生态环境问题。

从20世纪40年代以来,随着我国人口的迅速增长,大规模开发利用植被和水土资源、大范围水土流失、严重的草场退化、加剧的荒漠化进程、失衡的水生生态、生物的多样化减少、生态系统的功能降低等一系列生态环境问题在我国频繁出现。比如北方河流干旱季的断流、华北地区大量超采地下水形成大范围漏斗、湖泊干枯或萎缩、绿洲逐渐消失、植被慢慢减少、土壤陆续沙化、草场严重退化、沙尘暴和虫害等灾害频发。特别是从20世纪90年代以后,黄河频繁断流,这是由于水资源的过度开发利用导致的。沙尘暴在北方地区肆虐,湖泊水体严重污染,像太湖、滇池等湖泊,塔里木河和黑河下游出现断流等生态灾难频繁出现。森林被砍伐及坡地被垦荒所造成的荒漠化和水土流失，对生态系统有较大影响的人类活动，比如围湖造田、开垦湿地等，以及向区域排放大量污染物所造成的严重后果都表明了生态环境在逐渐恶化，当地经济的发展和人民生活水平的提高已受到严重的影响。在局部范围，由于自然生态系统的保护和支持功能降低，糟糕的环境已不再适合人类生存（刘树坤，2002）。

根据2005年谢振华主编的《国家环境安全战略报告》提供的数据资料，20世纪80年代中后期，小造纸、小制革、小化工、小酿造等是污染淮河流域的主要行业，创造产值约30亿元，而受污染的淮河要恢复到10~20年前的水体环境质量，治理投入至少要150亿~200亿元，污染环境获得的经济利益不足经济损失的1/5；中国生物多样性国情研究报告反映，1986年与污染有关的生物多样性损失为121.7亿元，因生态破坏造成的经济损失为831.5亿元，共计953.2亿元，占当年GNP的9.84%；国家环境保护局政策研究中心估算，我国1992年的环境污染损失约为986亿元，占当年GNP的4%；国内学者估算，1993年我国典型生态区的生态破坏经济损失为237亿元；中国社会科学院环境与发展中心估算，1993年中国环境污染损失为963亿元，生态破坏损失为2394亿元，分别占当年GNP的2.8%和6.9%；世界银行估算，1995年我国空气和水污染造成的直接经济损失至少达540亿美元，占当年GDP的8%；国家环境保护总局组织的西部生态状况调查表明，2001年仅西部9省（自治区）因生态破坏造成的直接经济损失就高达1494亿元，相当于同期GDP的13%。在国内主要城市，估计每年有17.8万人由于大气污染的危害而过早死亡，由大气污染致病造成的工作日损失达740万人，在一些重金属污染严重的地区，已有公害病现象显现。一些地区严重的环境污染和生态破坏已影响社会安定。污染纠纷呈上升势头，成为社会不稳定因素之一。一些地区生态环境持续退化已使当地居民失去生存条件，沦为"生态灾民"，并引发了一系列社会问题。生态破坏加大了扶贫和脱贫难度。环境问题也影响国内产品的国际竞争力和国家对外形象。

2004年，利用污染损失法核算的总环境退化成本为5118.2亿元，占地方合计GDP的3.05%，其中水污染造成的环境退化成本2862.8亿元，大气污染的环境退化成本2198.0亿元，污染事故造成的直接经济损失50.9亿元，固废堆放侵占土地造成环境退化成本为6.5亿元，分别占总成本的55.9%、42.9%、1.1%和0.1%。环境污染的总治理成本为3879.8亿元，虚拟治理成本[①]为2874.4亿元，实际治理成本只有1005.4亿元，占总成本的26%。按照较为全面的核算体系，环境污染损失成本包括20多项指标，而

①虚拟治理成本指目前排放到环境中的污染物按照现行的治理技术和水平全部治理所需要的支出。

此次核算仅计算了其中的10项，地下水污染、土壤污染等重要部分没有涉及。即便如此，损失已经占到当年GDP的3.05%，仅核算环境污染治理成本，当年的原有GDP就将扣减1.8%。

2005年，国家环境保护总局的《全国生态现状调查与评估》认为，我国局部地区生态退化的现象有所缓和，但生态退化的实质没有改变，生态系统呈现出结构性破坏向功能性紊乱演变的发展态势，生态状况不容乐观。具体表现在：我国水土流失初步得以缓解，但仍量大面广，治理任务艰巨；土壤盐渍化控制成效显著，但土壤有机质含量持续下降，土壤污染不断增加；林地面积、森林覆盖率和活立木蓄积量有所增长，但森林总体质量仍呈下降趋势，森林覆盖率的增加主要是人工林和中幼龄林面积增加，而作为保护生态最为重要的天然林及生态效益较明显的成熟林仍在不断减少；城市主要环境污染物排放有所控制，城市环境质量相对稳定，城市绿地面积不断增加，人居环境有所改善，但城市环境污染总体仍维持较高水平，城市生态系统人工化趋势更加明显，热岛面积不断增加，生态功能不断降低；水利工程设施越建越多，小型旱涝灾害有所控制，但大型旱涝灾害的风险及损害在加重、频率在增加，同时地下水超采现象严重，由此引起的地面沉降和海水入侵不断加剧，江河断流愈演愈烈；湿地保护力度不断加强，但是湖泊、湿地数量仍在减少，且湿地调蓄洪功能不断衰退；海岸带破坏现象突出，一些重要的海洋生态系统在消失；生物多样性保护得到加强，但外来生物入侵问题日益突出，生物多样性下降、遗传资源丧失的趋势并未得到控制；农业病虫害综合防治及生物肥的试用得到加强，但农用化学品使用量有增无减，农业非点源污染仍呈加剧趋势。土地超载问题、草原退化问题、北方水资源短缺矛盾、濒危物种生境缩小、以煤为主要燃料的能源结构性污染等，也都是我国面临的环境问题。

环境与发展之间矛盾的凸现，使得环境公平成为全球关注的重要话题。环境公平是用公平的原则来规范受人与自然关系影响的人与人之间的伦理道德关系，环境公平除了包含人类必须遵循生态法则、维护生物多样性与生态永续等生态关怀之外，更重要的在于主张地球上的每个人、每个国家都有平等享用生态环境以及免于受到环境改变与环境破坏之危害的权利，每个人、每个国家对保护环境都有同等的义务和责任。由于生态环境先天具有与社会财富不同的特性（比如非排他性和非竞争性这两个公共物品的典型特性），造成配置生态环境的政策和"市场"都很不完善。随着社会经济对生态环境需求的增加，以及资源的日益稀缺，导致环境不公平问题日益凸显。但当人们谈论环境问题时，大多强调环境恶化对整个人类、整个国家及整个地区的影响，而忽视了其对不同国家、不同地区及不同群体的差别性影响。同理，在履行保护环境的责任时，对不同国家、不同地区、不同群体要承担的共同但有差别的责任这一认识也较为模糊，环境不公平现象在全世界普遍客观存在。

据联合国《2011年人类发展报告》描述，人类发展指数水平极高的国家人均二氧化碳排放量比人类发展水平处于高和中等的国家高出4倍多，比人类发展水平低的国家高30倍左右，一个英国市民平均两个月的温室气体排放量相当于人类发展指数水平低的国家一个人一年的排放量，而人均排放量最高的国家卡塔尔平均每个人在10天内就可以排出英国市民平均两个月的温室气体，尽管该数值同时也包括在其他地方的消费和生产行为。发展中的小岛国家更容易受到气候变化与自然灾害（如风暴潮、洪水、干旱、海啸和飓风）的影响，小岛国家发生自然灾害的频率较高，1970年至2010年间，人均遭受自然灾害次数最多的10个国家中，6个都是小岛屿发展中国家。这些国家的经济规模非常之小，对气候变化的影响也非常之小，但是这些国家受到气候恶化的影响最大，而对环境恶化带来较大影响的发达国家却较少地承受环境恶化的影响，发达国家在环境问题谈判时，不愿承担相应的环境责任。同时，在同一国家内部，地区层面也存在类似的环境不公平。

从中国当前构建和谐社会的要求来看，"人与人"在收入分配与环境使用上的不公平成为构建和谐社会过程中的两个重要问题（潘岳，2005）。特别在城市化快速发展过程中，强势群体和强势区域基于区域与区域之间的空间位置关系，借助政策空洞和行政强制手段掠夺弱势群体和弱势区域的资源、资金、技术、人才、项目、生态、环境容量，转嫁各种污染等，进行一系列不公平、非合理的经济社会活动，也就是说一个区域的经济发展往往以牺牲另一个或多个区域的经济发展和环境为代价（方创琳等，2007）。当然，这种经济社会活动也可理解为广义的消费活动。因此，资源消费的区域不平等现象也是一种必然的结果。然而，目前学术界更多关注收入分配差距，而对群体与区域之间生态环境利用的不公平关注较少。环境公平是社会公平的有机组成部分，环境不公不仅会加重社会不公，而且由于它往往影响到受害者基本的生存状况，会造成严重的社会冲突，进而影响社会稳定。事实上，环境配置的公平性问题已成为我国目前迫切需要面对的现实问题（吴文恒，2008；宋国平，2005）。

21世纪是水的世纪，水资源成为事关国家贫与富、发展与衰落、战争与和平的重大问题，水资源已从自然资源跃升为国家关键性、基础性战略资源。全球面临着严重的水危机，我国人均水资源占有量居世界第110位，被联合国列为13个贫水国之一（Feng，2000），水资源的短缺严重地威胁着我国经济和社会发展与粮食安全（肖洪浪，2000；Feng，1999）。占我国国土面积1/3的内陆河地区更是水资源紧缺区，其中不到10%的绿洲是人类主要的生存环境，先天性的资源缺陷叠加不合理的利用使得水问题成为内陆河流域经济发展和环境保护的关键性问题（Feng，2001；肖洪浪，2006）。干旱内陆河流域的可持续发展要求解决有限的水资源在社会经济系统和生态环境系统内合理分配的问题。目前流域的环境不公平问题亟待解决。

黑河流域是一个独特的相对独立的地理单元，整个西北干旱区的几乎所有特征均可在这里体现。以之为例进行环境影响评价及监管指标体系研究，提出区域发展对策和宏观调控措施，对干旱区绿洲地区和其他生态脆弱带的可持续发展提供经验和模式，无疑具有重要的现实意义。开展这方面的研究可以了解流域水资源消费的时空分布状况和差异产生的原因。这是制定流域可持续发展政策的前提条件之一。

## 第二节　相关概念界定

### 一、环境

1. 环境科学中的环境概念

环境科学中的环境的显著特征是以人类为中心，以及其中可以影响人类发展和生活的各种社会条件和自然条件的总和。这些影响有直接的，也有间接的。由于它以人类为中心，因此，通常称为人类环境。

2. 生态学中的环境概念

生态学里的环境，也就是我们通常所指的生态环境，它是以整个生物世界为中心组成生物生存所必要条件的无生命物质和外部空间范围，如大气、水、土壤、阳光及其他无生命迹象的物质等。生态学中的生态环境概念，它的中心生物包括范围比较广，有动物、植物和微生物，与环境科学中的环境不同，环境科学界定环境的中心仅包括人类。

对于环境的概念，目前，仍没有统一的界定。归根结底，对环境价值的不同认识是分歧的主要原因。目前人们的认识大多局限于环境的工具价值，没有能够正视其自身的内在价值。人们认为人类超脱于环境之外，环境为人类服务，由此使得人是否属于环境中的一部分成为讨论的问题。基于环境的整体性特征，我们不能否认人类也是环境中的一部分，环境中任何要素的改变都可能或多或少影响人类的生存状态（李文苑，2007）。

### 3.环境与资源的关系

（1）以大环境的概念包括资源的观点

持这种观点的学者认为，环境表述的内涵比资源更加广泛，自然资源应包含在环境要素中，环境中能为人所利用的因素便是资源。任何自然资源都是环境要素，都可以作为环境保护的对象。因此，自然资源保护必然成为环境保护的一个组成部分（戚道孟，2001）。

（2）以大资源的观点包括环境的观点

持有此种观点的学者认为，自然资源包括环境且超越国界，自然资源具有双重性，它既是资源又是环境。整个大自然都是对人类有用的东西，而对全人类来言，自然资源是所有环境因素的总称（刘国涛，2004）。

正因为学者们对环境与资源的关系各执己见，为了调和这种分歧，有学者尝试提出环境的概念。若将环境作为资源的定语进行理解，则重在强调环境的资源属性而忽视了其生态功能等其他价值。另有学者建议将环境与资源分开理解，由于环境与资源两个概念内容相互交叉，但通常其指向的对象是同一物，因此把两者分开既不可能也没有必要。笔者认为应以环境的概念包容资源，因为任何资源都逃不出环境要素的范围。

## 二、公平

对公平下定义，首先需要辨别这三个概念：正义、公正和公平。明晰了这三个概念各自的含义，那么公平的概念也就清晰和明确了。正义、公正与公平作为价值形态与正义理念的一种观念，它们之间存在一些比较细微但又比较重要的差别。作为人类社会永恒追求的正义，与公平和公正比较，正义的要求比公正和公平要求更高，正义是一个关系人们的核心价值、人的尊严以及人的发展这些最基本问题的范畴，正义包含了人类追求的真、善、美的全部内涵，正义的实质就是人们对自我的认识、价值倾向。公平意味着在现实所提供相同条件下的同等对待；公正则意味着使法律赋予的权利得到制度的保障。正如诺兰所说，公正就是保障人们或某些社会群体的人们所享有权利避免受不正当理由的剥夺，或在受到这种剥夺时，对其受损失部分及时给予补偿（诺兰，1988）。

公正和公平的侧重点也不相同。社会的基本价值取向是公正偏向的，它是一个现实版的制度的原则；衡量人们在现实利益关系上同一标准的尺度是公平所强调的，它是公正原则的结果，补充社会制度原则，这种补充处理能完善社会制度，具体的处理方式具有一种公正（或正义）的性质，公平的核心思想是同等。总体而言，公平的实际成分多一些，公正的理想成分多一点。亚里士多德讨论了公平与公正两者的关系，"既不能含糊地说两者相同，但也不能说它们是完全相反的……如果公平与公正都是好的，那么这两者可算是一回事了……公平是优于公正的公正，它虽然优于公正，但不能算是不同的类别，本质上，公平和公正是一回事情，虽然公平更有力些，但两者都是好事。问题的关键在于，公平虽然是公正，但并不是法律上的公正，而是对法律的纠正"（亚里士多德，1990）。

　　清楚了公平和公正的这些不同，我们就应该避免在用公正的地方使用公平一词，否则，就会造成把公正问题当成公平问题来处理。人们经常谈论的公平和效率问题，实际上是公正和效率的问题。如一些学者在强调公平与效率何者优先时，其公平是与平等相关的公平。因此，他们反对的是平等优先，而不是反对公正至上。这一点也是许多学者在社会公正问题讨论中所忽视的。就社会制度中的正义而言，它应该同时具备公正和效率这两种性质，只不过在社会发展的不同阶段其重视的程度不同。因此，在使用公正概念时应避免用公平的概念来加以置换。可见，在现实的具体正义形态这一层面，使用公平来表达更确切些。

　　因此，我们可以总结出公平的概念含义。公平是正义的一个方面，公平是衡量人们在现实利益关系上标准的同一尺度，是公正原则的现实结果，公平的核心是平等。

## 三、环境公平

　　环境公平来源于当代的环境伦理思想，简单说来，环境伦理是人类道德关怀范围的扩展和延伸，把原来适用于人类社会的伦理道德观念应用到人与自然的关系上，从伦理方面给出保护自然环境的必要性依据。它要求人们在道德上不仅要关爱人，而且还要把这样的关爱扩展到生态系统中的自然事物上，给予自然事物良知上的尊重，用道德约束人类对待大自然的行为。

　　20世纪中叶以后，环境伦理在解决生存危机的探寻里，道德的关怀和道义的力量被纳入调整人与自然的关系中，希望借助道德的力量来实现人与自然的和解。环境伦理学主要分为人类中心主义和非人类中心主义两大方向。人类中心主义和非人类中心主义的重要分歧主要是是否承认自然物的道德地位。总的来说，无论人类中心主义还是非人类中心主义，从目的来看，都是为了解决人类面临的环境危机，实现人与环境的和谐与发展，在保护人类、保护地球的目的上是殊途同归的。因此，尽管在理论上存在差异，在某些问题上仍能达成共识，从而在伦理道德的实践层面上保持某种一致。自然环境的破坏是由人的活动引起的，其深层根源是人们狭隘的近代自然观和价值观；人是自然的一部分，人的利益与其他物种乃至地球上的利益密不可分，自然环境遭受破坏，人类无法生存；人是地球唯一的道德代理人，只有人能从道德的角度去思考和行动，这就要求人成为良知的体现者，自觉担负维护生态、保护地球的责任；人类谋求自身发展的同时，也考虑到后代人的权利和利益，给他们的生存留下适宜的自然空间。

环境伦理从各个角度为保护环境提供伦理学依据，最终落实到规范行为上，成为约束人类行为的规则。环境伦理规范体系包含原则和具体行为两部分。其基本原则是进行环境伦理道德判断的核心和根本依据，规范是基本原则的落实，在现实生活的不同层面对人们提出具体的要求，规范人们的思想和行为。

环境伦理是用以协调人与自然关系的，它制定道德规范的目的是维护自然环境，保护生态平衡，实现人与自然和谐发展。因而，它所依据的基本原则应是对人与自然关系的深刻透视和把握，是解决矛盾的关键所在。人们认为"公正"最为基本的原理是比较恰当的，也就是在与自然发生关系时，人们要以利益公正作为行动的基本原则。

公正是一个古老的伦理范畴，它的核心内容是如何协调自己与他人、个体与群体的利益关系问题。利益问题是伦理思维的根本出发点之一，伦理对人们提出各种道德要求，实际上就是在寻求不同利益之间的均衡与协调。公正最为普遍的意义是指人们在利益问题上所应该把持的不偏不倚的态度。这种态度并非由个人决定，而是被社会和民众共同接受、认可的。

寻求不同利益间的协调与均衡是公正的本质，环境伦理也体现了这一本质，但不是对已有伦理思维的简单重复，而是把利益公正从人与人之间扩展到人-社会-自然一体化的新层面上进行考察和诠释，从自己独特的理论视角出发赋予公正原则新的含义。

环境平等观念对于解决全球环境与发展问题以及转变人们行为和思维方式都有着重要的作用。提倡全球范围内的代内公正，强调以平等原则解决国与国之间的资源和环境利益问题，协调各国之间的权利和义务，建立新的全球伙伴关系，以便有节制、有目标、步调一致地利用自然，维护生态平衡。解决各种全球问题，需要考虑代际关系，顾及后代人的资源、生存环境和生态平衡已经成为人们普遍接受的共识，可持续发展观点是这种思想的集中体现。随着对全球问题理解的日趋一致，各国必将认识到平等解决全球问题的必要性和重要性。事实上，在资源开发、生态保护、防治污染等全球问题方面的平等，已成为多数国家共同的目标。环境平等观还暗示了一种全新的生态文明观，人们已经逐步认识到自然界是一个有机整体，人类只是其中的一员，人与自然之间应该是一种真正平等、公正的关系，人类负有生态责任和义务，人与自然应该实现和谐发展，一系列新的价值观和世界观由此形成。总之，环境平等、公正的观念从新的角度揭示和发展了人与自然的关系，它是人的观念、认识能力、价值观的一场根本变革。

环境公平有多种定义，根据发展过程和强调重点不同可以分为下面几种类型。第一种突出强调共同承担环境污染，Stretesky 等（1998）提出了强调所有人共同承担环境污染的环境公平定义：不论种族、财富及社会地位，所有人群及组成的社区应当共同承担环境污染物产生的不利影响（Stretesky，1998）。随着环境法律的完善和污染治理技术的发展，环境公平转向强调环境政策中人的公平待遇，即第二种类型。美国环境保护署定义环境公平为："环境法令、计划及政策，以确保不同种族、文化及收入的人群均能获得公平的待遇。"1997年墨尔本大学召开的环境公平问题国际研讨会中，把环境公平定义为："减少在国家、国际与世代之间，因不平等关系而导致的不平等环境影响。"（Andrew，1998）第三种则强调为了减少环境影响，从环境保护的公共参与方面定义。人们开始认识到消除环境影响最根本的是要减少整个世界的环境影响。美国联邦政府环保厅EAP对环境公平界定为："在环境法律、法规和政策的制定、遵守和执行等方面，全体人民，不论其种族、民族、收入、原始国籍和教育程度，应得到公平对待并卓有成效地参与。"日本学者户田清（1999）认为："所谓环境正义的思想是指在减少整个人类生活环境负荷的同时，在环境利益（享受资源）以及环境破坏的负担（受害）上贯彻公平原则，与此同时达到环境保护和社会公平这一目的。"第四种则从环境质量和资源消费公平两个方面定义。Scandrett把环境公平定义为代内和代际在资源消耗和生态健康方面的公平性，并优先考虑当前不平等的受害者。目的是所有人都拥有健康的环境，公平地分享地球资源（Scandrett，2000）。这个是当前环境公平研究中包含内容最全面的定义。

国内学者对环境公平也有自己的诠释，但也不外乎上面四种类型。洪大用（2001）提出的"环境公平"定义是第一和第二种类型，他认为环境公平实际上有两层含义："第一层含义是指所有人都应有享受清洁环境而不遭受不利环境伤害的权利，第二层含义是指环境破坏的责任应与环境保护的义务相对应。"

由此可见，环境公平的概念是在环境种族主义的基础上发展而来的。其中环境质量公平研究奠定了环境影响差异性研究的基础，资源消费公平性研究拓展了环境公平研究的范围，将包括能源在内的资源消耗纳入了公平性研究范畴。因此，目前环境公平定义不仅仅局限于环境质量公平性，研究范围已扩展到所有与自然生态系统有关的、影响人们健康和福利的环境因素。

## 第三节　研究的主要内容

基于公平性角度分析环境问题时，代内公平是代际公平实现的前提，对黑河流域环境不平等问题的研究也需要建立在以代内公平实现为目标的基础上。结合前面的内容相关概念界定，不难看出环境不平等涉及利益获取以及负担的不平等，而其中环境利益以水资源消费不平等度量，对于流域环境负担问题由于涉及范围比较广，暂没有考虑。因此本项目对黑河流域环境不平等问题的研究限定在环境利益（水资源消费）不平等的范围内。目前黑河流域环境问题主要体现在水资源分配方面的矛盾、经济和生态用水的矛盾、经济内部用水的矛盾，为兼顾实证研究的可靠性和数据的可得性，本项目最终将研究对象界定为黑河流域居民水资源消费不平等。

基于统计分析方法从上中下游和城乡等空间尺度上来探讨黑河流域环境影响的差异性，基于夏普里值分解方法分析差异产生的原因。在此基础上，研究流域环境公平的程度及不公平产生的深层原因，为决策提供科学参考依据和对策建议。

1.环境影响评价

主要内容包括确立环境公平研究的理论依据，由于在水资源的利用中，我们看不到的隐藏在物体中的虚拟水含量远远超过实体水的使用量，因此通过社会调查方式，对黑河流域上中下游居民家庭生活消费做了详细的调查，获取流域居民生活消费数据，并使用国际上水足迹评价方法得到黑河流域环境影响的指标数据。

2.主要研究内容

包括分别从上中下游各乡镇人均水足迹差异性、城市和农村两个不同群体人均水足迹差异性进行现状分析，并使用累积频率曲线进一步量化差异性。使用基尼系数和泰尔指数方法，从上中下游和城乡等空间尺度上对流域环境影响不平等状况做进一步深入分析，以从不同角度更为全面地了解流域环境不平等的现状。

3.流域环境影响因素角度下的分解分析

通过借鉴收入的不平等分解，采用基于回归方程的夏普里值分解（Shapley decomposition）对流域环境影响不平等进行因素分解，以明晰诸因素对流域环境影响差异的贡献和影响程度，最终利用调查数据对环境影响不平等的分解结果从定量的角度解释环境不平等产生的原因。

4.环境监管指标体系构建

基于系统论和生命周期理论，从水资源的开发、配置、利用、废弃和再生利用5个过程出发，构建黑河流域环境评价监管综合指标体系，并从水管理制度创新的角度提出黑河流域水管理对策建议。从流域整体管理的角度提出流域水资源管理决策部门、流域水资源管理实施部门和黑河流域水资源管理监督部门组织架构。

## 第四节 研究的方法

本项目从流域现状出发，综合考虑研究环境影响不平等问题所运用各种方法的优劣，最终采取规范的理论和实证研究相结合，定性分析与定量分析相结合的研究方法对本项目的主要内容进行分析，具体如下：

第一，通过对国内外研究进行文献回顾与评述，对相关研究方法进行归纳总结，遴选出适合本项目的研究方法以建立研究基础。

第二，通过时间以及上中下游、城乡两个维度相结合的纵向横向比较分析方法，对流域环境影响差异性状况进行研究，以揭示流域环境影响不平等的基本现实状况。在此基础上，使用累计频率曲线、基尼系数与泰尔指数进一步分析流域环境影响的差异，并利用相关指数的组群分解技术对环境影响差异进行组间与组内差异研究。

第三，借鉴IPAT模型、使用调查数据、运用基于回归方程的夏普里值分解法对黑河流域环境影响不平等进行分解，从各影响因素角度为流域环境不平等的产生提供重要的数据分析。

第四，基于系统论和生命周期理论的环境影响监管综合指标体系的建立，为黑河流域水资源管理提供依据。

## 第五节 研究的创新点及技术路线

### 一、研究创新

当前，已有文献较多关注了欧美发达国家的群体环境不平等问题或跨国的地区环境不平等问题，对欠发达国家内部环境不平等问题的研究非常欠缺。其中，有少量的

针对中国地区环境不平等问题的文献，而这些文献大多考虑的是温室气体主要成分
——$CO_2$的排放，极少涉及水资源等资源消费等方面的环境影响。需要指出的是，减
排碳对降低气候变化带来的影响固然重要，但资源利用和管理中出现的不公平进而引
发的环境退化问题已日渐突出，特别是西北内陆干旱区经济和生态之间用水矛盾越来
越频发。此外，在生态环境恶化的情况下，经济活动内部，群体环境不平等事件逐渐
增多（Chen，2005；Palmer，2007），地区间环境负担差异所起的作用不可忽视。因
此，以干旱区内陆河流域为尺度，从公平的角度研究流域水资源的环境影响，不仅对
本流域水资源管理具有现实意义，还对其他内陆河流域水资源管理有一定的借鉴作
用。本项目的主要创新点如下：

第一，不同于已有文献从$CO_2$排放角度研究地区环境不平等，本项目着重考察流
域水资源消费环境影响不平等，利用收入不平等分析框架测度分解了流域环境不平
等，拓展了研究对象和研究角度。具体而言，为准确合理地测度流域环境不平等，项
目借鉴了收入不平等的分析框架，从图形工具、指标工具以及指标遴选原则三方面系
统梳理了收入不平等测度的理论基础，通过比较指标图形工具以及五个公理性指标遴
选原则，筛选出了适合地区环境不平等测度的指标——基尼系数、泰尔指数，以"上
中下游"以及"城乡"的二维角度对研究对象进行划分。对流域环境不平等状况进行
了分析，还利用组群分解技术，从不同属性分组对流域环境不平等进行分解，更深入
地探寻流域环境不平等的构成来源，对流域的环境不平等进行了全面综合的度量
分析。

第二，本项目借鉴了收入的不平等分解，采用基于回归方程的夏普里值（Shapley
value）分解法从影响因素角度分解了流域环境不平等。具体而言，本项目采用由
Shorrocks（1999）提出并由Wan（2002）改进的基于回归方程的夏普里值分解法对地
区环境不平等进行分解，明确了各因素对流域环境不平等的贡献程度和影响方向，从
影响因素视角为环境不平等的形成做出了进一步分析。

第三，不限于环境影响评价，本项目从政府环境评价和监管角度出发，利用系统
论和生命周期理论，建立黑河流域环境评价与监管综合指标体系，为流域水资源管理
提供依据。

## 二、研究技术路线

通过对国内外关于环境公平代表性的研究进行总结和述评，发现国外关于环境不
公平的研究大多是围绕少数族群和低收入阶层相比于白人和中产阶层是否更多地承担

环境风险，已知的或未知的环境风险是否在不同人口特征之间以及不同社会经济地位的群体之间分布不公平等问题。虽然，中国不同群体间并不存在类似的种族、民族矛盾，但在不同社会经济地位群体之间同样存在不公平。另外，中国高速经济增长掩盖下的各省份经济发展差距、各省份空间环境不公平问题更为突出，因而将本研究的内容确定为流域环境不公平，既包含不同收入阶层的环境不公平，又包含不同区际环境不公平。

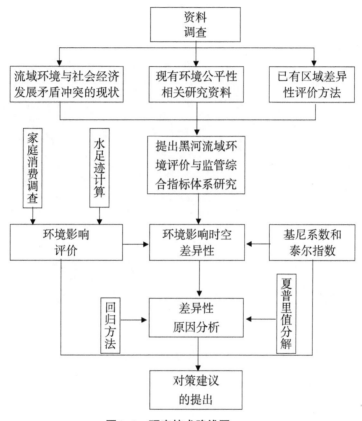

图1-1　研究技术路线图

本研究首先从环境公平起源、理论基础等方面进行分析，对环境、公平概念，以及环境公平做了界定。将环境不公平现象归为三个方面：不同发展水平的国家、地区对环境恶化造成的影响不同，不同发展水平的国家、地区遭受环境恶化的影响不同及发达国家、地区没有承担相应的环境责任；然后通过社会调查的方法，分别获取了黑河流域2004年上中下游10个县（区、旗）城镇和农村居民的生活消费数据，2010年黑河中游城镇和农村居民的生活消费数据。由于黑河流域环境问题主要体现在水资源上，因此选取水足迹作为黑河流域环境影响评价指标。通过水足迹评价方法计算黑河流域居民家庭消费的水足迹，运用基尼系数和泰尔指数方法对黑河流域环境影响差异性从空间和时间两方面进行分析，并利用夏普里值分解方法，对影响不平等的决定因素的贡献进行了分析，在此基础上进一步构建了黑河流域环境影响评价与监管指标体系。

# 第二章　研究进展

## 第一节　不同群体间的环境影响不平等研究

美国过去的研究认为，影响群体间环境不平等的原因有两类：首先，多数学者认为种族和收入是环境不平等产生的根本原因。在抗议活动爆发后产生了大量记述美国环境不平等的文献，紧接着的一系列研究有害垃圾场所位置的文献扩充了早期的研究成果，其中以美国审计总署（U.S. General Accounting Office，GAO）于1983年发布的报告最为典型。该报告发现，位于美国南部的非洲裔美国人社区拥有数量极多的垃圾处理场，与其社区状况极不匹配。1987年，美国联合基督教会种族正义委员会联合会（United Church of Christ Commission for Racial Justice）在一份标题为《有毒废弃物与种族》的研究报告中指出，美国境内的少数民族社区长期以来不成比例地被选为有毒废弃物的最终处理地点（Paul Mohai et al.，2009）。这份报告震惊了少数民族社区及许多环境学者与环保运动者，随之而起的是更多的有关有色人种与环境污染相关关系的研究结果的出现，以及更多的地方性抗议事件。1991年，第一次全国有色人种环境峰会（People of Color Environmental Leadership Summit）在华盛顿召开。代表们达成协议，用"环境正义原则"作为行动的宗旨，并宣告"环境平等"者们与主流环境保护主义者们不同的立场。1990年，美国联邦环境保护署设立了环境公平工作组。1992年，工作组颁布了题为《环境公平：减少所有社区风险》的报告。此后，美国学术界关于环境公平的研究基本达成了一致，大部分学者认为不同种族和阶层的人群在面对环境污染和灾害时存在着不平等的风险，少数种族和穷人比白人和中产阶级遭受了更多环境风险。很多研究证实环境污染和风险基本上存在于少数种族和低收入群体中，如Zimmerman（1993），Hird（1993），Goldman and Fitton（1994），Perlin et al.（1995）以及 Hamilton（1995）等。

其次，另外一些研究特别是历史性研究和定性研究认为，种族划分衍生出的环境不平等问题实际上是非人控的市场力量以及种族歧视意愿综合作用下的产物（Brown，1995；Bryant and Mohai，1992；Szasz and Meuser，1997）。城市扩张、工业化以及种族歧视之间复杂的相互影响可能导致群体环境不平等的出现。当城市人口的增长速度远超过城市的扩张速度的时候，由工业化带来环境污染风险不平等就会广泛地出现（Fogelson，2001）。这时如果汽车以及战后经济增长使得郊区化成为可能，白种人就会逃离城市来到郊区，并且通过社区压力、歧视性贷款、规定最小房屋住宅面积等措施，来将少数种族隔离在外（Fishman，1987；Fogelson，2005；Jackson，1985）。此外，少数种族在政治上的边缘化以及环境的退化状况更加剧了这一不平等，因为能够通过社会地位使污染工业以及垃圾处理设施远离少数种族社区的中产阶级早已搬离了被污染地区（Mohai and Bryant，1992）。与此同时，受污染地区低廉的土地租金进一步吸引了能造成环境风险的新设施的进驻，而那些无力负担清洁社区居住花费的人群也只能选择继续留在被污染的地区生活，从而陷入了环境不平等的恶性循环（Been and Gupta，1997；Hamilton，1995；Oakes et al.，1996）。除了美国，研究人员对邻国加拿大也进行了研究：Buzzelli 等（2003）对加拿大安大略省的汉密尔顿市空气污染暴露水平研究后发现，单亲家庭以及受教育程度较低的人群所居住的社区承担了城市中主要的污染风险。此外还有相关文献证明澳大利亚以及英国等其他国家，也存在群体环境不平等现象（Lloyd-Smith and Bell，2003；Mc Cleod etal.，2000）。

中国群体环境不平等的系统性实证研究还非常缺乏，直到最近才渐渐有学者关注。Ma and Schoolman（2010，2012）分别以中国的河南省和江苏省为研究对象，考察群体的环境不平等问题。他们的研究指出，在中国的城市里来自农村的务工者承担了更多的环境污染风险。而其他学者则更多地从理论或定性角度进行分析得到以下结论：富人在占有较多环境收益时不愿履行应尽的环境保护义务（洪大用，2001），政府管理是导致穷人与富人环境不平等的主要原因（潘晓东，2004）。

## 第二节　不同地区间的不平等研究

从已有文献的发现成果来看，不同地区间的环境不平等研究主要体现在两个方面：首先是不同国家之间即跨国层面或全球层面的环境不平等（Paul Mohai et al.，2009）；其次是一国内部不同地区即国内层面的环境不平等（洪大用，2001）。具体表现为对污染物排放承担的环境责任或者环境风险不平等，以及环境污染转移造成的环境不平等。

在跨国层面上，一些学者关注于研究废品交易（waste trade）导致的跨国环境风险。与此同时，越来越多的社会学研究人员着重于分析废品交易背后潜在的社会和经济驱动因素。另外，研究污染产业转移造成的环境不平等文献也有很多，其中以Copeland 和 Taylor（1994）"污染避难假说"最为著名。他们的研究得到了以下结论：发达国家拥有较高的环境管制标准和相对严苛的管理制度，致使高污染排放企业的生产成本逐渐增长，而经济欠发达或落后国家的环境管制标准则相对较低，管制体系也比较松散。除了废品交易导致的跨国环境风险，还有学者发现不同国家内部的环境污染在一定地形或气候条件下会通过长距离的地理传输对其他国家形成污染影响，从而造成环境损失，这便是环境污染跨界引起的环境不平等问题。Bennett（2000）对美国西南部水质跨界分配协议的整合进行了研究，特别提到了科罗拉多流域的跨国界水污染问题引起墨西哥和美国之间的多次纠纷。

需要指出的是，已有研究关于环境风险或环境责任不平等的探讨主要集中于温室气体——$CO_2$排放不平等的问题上。学者们运用基尼系数、泰尔指数、阿特金森指数或洛伦兹曲线等不平等分析方法对各国的$CO_2$排放差异进行了度量和分析。采用基尼系数研究$CO_2$排放不平等的文献以 Heil 和 Wodon 于 1997 和 2000 年发表的成果为代表。在前期的研究中，他们将世界各国依照收入水平分为四组，并对各组别国家 1960 至 1990 年的人均排放不平等进行了测度和分解，结果表明人均$CO_2$排放的不平等主要来自于组间而非组内不平等。除此之外，他们对于不同减排路径的选择可能造成的排放差异影响也做了一定探讨。

Hedenus 和 Azar（2005）测量了 1961 至 1999 年不同国家人均排放的不平等，但利用的是阿特金森指数以及最大 1/5 与最小 1/5 之间的绝对和相对差距。之后，Padilla 和 Serrano（2006）运用泰尔指数和"伪基尼系数"比较和解释了全球碳排放差异的变化，并运用各国家组间以及组内因素进行分解，最终得出两个指数变化趋势基本一致的结论。同年，Duro 与 Padilla（2006）基于 1971 至 1999 年的国家数据，采用洛伦兹曲线、基尼系数还有泰尔指数衡量了国家之间以及国家组群间的$CO_2$排放不平等。此外，学者Kahrl 和 Roland-Holst（2007）以及 Groot（2010）利用洛伦兹曲线来研究碳不平等问题，只是后者的研究更加深入，不仅分别对离散与连续情况下的碳洛伦兹曲线及性质进行了理论推导，还绘制了碳排放的广义洛伦兹曲线。

与跨国地区环境不平等类似，一些学者注意到一国内部不同区域间污染跨界造成的环境不平等问题。Naeser 和 Bennett（1998）研究了美国科罗拉多州和堪萨斯州间的水污染跨界问题，对诉讼案中上游科罗拉多州对下游的堪萨斯州造成的损失额进行了评估。此后，Bennett（2000）系统分析研究了科罗拉多河流域、阿肯色河流域、奥格兰德河流域、共和党河流域和佩科斯河流域的水污染跨界问题，并认为虽然相关各州对美国西部的21条跨州界的河流签订了管理协议，但大部分的协议并未考虑水质影响，而只是讨论了水量分配，这一漏洞造成了多起流域内的水污染跨界问题，因此应将水质影响作为一个重要考察对象放入协议中。当然，也有不少学者关注国内的污染跨界问题，赵来军和李怀祖（2003）结合中国流域的实际情况，构建了流域跨界水污染纠纷顺序决策模型，解释了严重的流域跨界水污染纠纷。

同时，针对地区间存在的不同环境污染现实状况，一些学者还从生态环境与贫困间的相互影响角度研究了脆弱的生态环境以及环境退化导致的地区环境贫困或者生态贫困问题，可以认为地区环境贫困是环境不平等带来的一种较为严重的表现形式。美国经济学家托达罗（1992）指出，生态环境退化与贫困的恶性循环是导致落后地区经济社会难于持续发展的重要原因。皮尔斯和沃福德（1996）则认为"没有比任何一个地区承受着这种贫困—环境退化—进一步贫困的恶性循环的痛苦更悲惨的了"。我国也有不少学者和研究人员对环境贫困问题进行了研究，现有研究认为中国脆弱生态环境与贫困地区间具有高度相关性（李周和孙若梅，1994），但此相关性会因工农业和种植业的比重不同以及工业或经济发展程度不同而不同（赵跃龙和刘燕华，1996）。从地区上看，西部地区环境贫困问题最为突出（赵济，1995；王金南等，2006），而产业结构退化则加剧了环境与贫困间的矛盾关系（安树民和张世秋，2005），能够帮助环境贫困者脱离环境以及经济双重贫困的主要途径是生态移民（于存海，2004）。而在生态脆弱地区的农村则存在慢性贫困，农村居民受到生存环境、行为模式和外部冲击的共同影响，这就造成了生态扶贫难度的上升（陈建生，2008）。

当然，需注意的是，对于一国内部不同地区间的环境不平等问题，学者们仍主要集中于探讨温室气体的排放不平等，这里主要回顾针对中国国内$CO_2$排放的环境不平等研究。从研究角度来看主要分为两个方面：一是对碳排放不平等的测量。Clarke-Sather等（2011）利用基尼系数、泰尔指数和变异系数对地区$CO_2$排放的不平等进行了度量，发现其变化趋势与地区收入不平等程度类似，而地区内部的排放不平等是导致各省$CO_2$排放不平等的主要因素。二是对中国国内$CO_2$排放不平等的影响因素进行了研究。现有文献基本上围绕地区经济发展水平、产业结构、能源使用效率等因素来展开讨论。李国志和李宗植（2010）从技术、经济和人口角度对中国$CO_2$的地区差异化排放因素进行了研究，他们发现地区经济增长的差异以及能源消耗差异是造成中国碳排放不平等的主要因素。

针对中国国内的其他环境污染物如废水、废气等的排放不平等的研究文献则相对较少。赵海霞等（2009）对江苏三大区域的工业废水、工业废气排放导致的环境不平等程度进行了测度，并认为地区的环境不平等会随着经济地域差距的增大而扩大。而钟茂初和闫文娟（2012）通过对废水排放研究发现，地区间的环境不平等主要由居民人均收入以及废水治理投资之间的地区发展差距引起，在一定程度上验证了赵海霞（2009）的研究结论。而闫文娟等（2012）的研究则认为，政府规制是实现中国国内不同地域间环境公平的主要因素。

综上所述，通过对国内外文献的梳理，目的是对现有环境不平等研究有全面系统的认知，为本项目借鉴研究角度和研究方法提供相关的理论和实证文献基础。

学术界对群体间环境不平等的研究主要集中于探讨导致群体环境不平等产生的影响因素及其作用机制。在衡量群体的环境风险时，学者们常用人口普查区域或邮政编码地区进行群体研究对象的区域划分，而越来越多的研究人员开始结合地理信息系统（GIS）来度量空间地理单元和环境污染风险间的距离，再进一步用数据研究群体面对环境风险时的风险暴露程度。这些文献的研究结论表明，对于多种族和多移民的发达国家，种族、国籍和收入水平是导致群体间环境不平等产生的重要因素，此外，城市扩张以及工业化等非人控市场因素的相互影响也可能导致不平等的产生。

就研究对象而言，群体环境不平等的现有研究基本上以美国、加拿大、澳大利亚等发达国家为研究样本，欠发达国家的相关研究还十分缺乏。那么，已有群体环境不平等文献中的影响因素是否同样适用于解释欠发达国家的群体不平等现象，或者由于政策体制的不同，还有其他的因素可能催生欠发达国家的群体环境不平等的出现。

在地区环境不平等的测度上，大多数文献都以$CO_2$的排放为研究对象，借用了基尼系数、泰尔指数和阿特金森指数等指标工具来进行不平等的度量，并认为地区经济发展水平差异是造成地区间$CO_2$排放不平等的主要原因。需要指出的是，碳减排对于降低气候变化带来的影响固然重要，但对于已上升到国家战略资源的水来说，由水资源分配引发的环境问题研究极具现实意义。

# 第三章　相关理论

## 第一节　环境公平理论

### 一、研究起源和定义

**1. 研究起源**

环境公平的概念是美国环境运动发展到特定阶段提出来的。早期美国的环境保护团体并没有注意到环境公平问题，他们认为环境危害具有整体性，即一旦造成环境污染，所有人将受到伤害。据此他们把奋斗的目标定为保护野生动物、呼吁生态保护和资源管理、采取行动抵制和减轻污染等。另外，由于当时参加环保运动的主体是占据社会主导地位的中上阶层白人团体，特殊社会地位使得他们在倡导环境保护的时候无须关注自己的社会权益。

**2. 定义**

20世纪80年代，居于社会下层的一些人参与到环境运动中来，他们从自己所遭受环境污染危害的角度提出了环保的要求。1982年在美国北卡罗来纳州瓦伦县发生的瓦伦事件是环境运动的转折点。此后，各种官方、非官方的研究均表明种族、民族以及经济地位与社区的环境质量密切相关；与白人相比，有色人种、少数族群和低收入者承受着不成比例的环境风险（洪大用，2001）。越来越多的人意识到："环境问题实际上是社会问题的延伸，如果不将环境问题与社会公平的实现紧密联系起来，环境危机就不会得到有效解决。"环境公平的概念由此得以确立。随后环境公平概念被广泛地认识与接受。1992年，美国环保局成立了环境公平办公室，旨在谋求各社区在环境质量上的平等。1994年，美国总统克林顿又发布行政命令："要求所有联邦机构都应该把实现环境公平作为自己的使命，合理确定和关注他们实施的项目、政策和行动，以避免或减少对美国的少数民族与低收入民众造成负面的健康和环境影响。"

### 二、环境公平理论基础

环境公平主要来源于以下理论：自由至上的正义理论、功利主义正义论和罗尔斯的社会契约论和分配正义论。在环境正义层面的这三大理论都是关于社会资源分配问题的，所关注的重点是如何分配有限的社会资源才是正义的：自由主义主张市场的自由竞争，反对政府的干预；功利主义主张一种社会分配制度只要是满足最大多数人的最大利益，就是正义的；罗尔斯强调平等即为正义，同时照顾最不利群体。正因为罗尔斯的理论是最大限度地照顾弱势群体，因而也就成为环境正义理论的主要支撑。

罗尔斯的正义论是环境公平的理论基础。罗尔斯（1988）认为，正义是至高无上的。它是社会制度的首要价值，如同真理是思想体系的首要价值一样。任何一种理论、法律或制度，不管怎样有用和巧妙，但只要它是不正义的，就一定要抛弃和消灭它。每个人都具有一种基于正义的不可侵犯性，即使为了全社会利益也不能加以侵犯。在一个正义的社会中，"正义所保障的各种权利，不受政治交易或社会利益的左右"，社会正义原则是人们在"原始的平等地位"，即在"无知之幕"的背后选定的。这里，"无知之幕"指的是决策者不知道有关他个人及其社会的任何特殊事实，不知道每个人的社会地位，还是阶级出身，不知道信仰什么学说，也不知道民族、性别、先天的资质如何、能力及智力大小，同样也不知道体力是否强壮，甚至假设任何人都不知道是否具有判断善恶的能力和某些特殊的心理倾向。处于原初状态的各方被设想是有理性的和相互冷漠的，人们也没有任何有关他们属于什么时代的信息，对于任何一个具有自己目的并具有正义感能力的有理性的存在物的个人来说，这种原初状态是公平的。他们所选定的对社会基本结构的正义原则是：

第一个原则是平等自由原则。每个人都具有这样一种平等权利，即和所有人的自由相并存的一种最广泛平等的基本自由体系。也就是说每个人和所有人一样在基本自由体系或类似的自由体系中拥有平等的权利。

第二个原则是机会的公平平等原则和差别原则的结合。允许社会和经济的不平等，但是必须要满足两个条件：（1）它们要最有利于那些最少受惠者的最大利益（差别原则）。（2）要让岗位和职位在机会公平均等的条件下对所有人开放（机会的公正平等原则）。

其中第一个原则要优先于第二个原则，因为如果基本平等自由被侵犯，即使再大的社会经济利益也难以弥补；第二个原则中的机会公平平等原则要优先于差别原则。由于他们的先后次序，所以通常不允许在基本自由和经济社会收益之间进行交换，除非在某些很特殊的环境中。两个原则的核心是平等。这两个原则主要适用于社会基本结构，将主要的社会制度安排成为一种合作体系。第一个原则适用于社会政治领域，确保公民的平等基本自由，基本自由是一系列的，重要的有政治上的自由（选举和担任公职的权利）与言论和集会自由；良心自由和思想自由；个人的自由——包括免除心理的压制、身体的攻击和肢解（个人完整性）的自由；拥有个人财产的权利；以及依照法律不受任意逮捕和没收财产的自由。按照第一个原则，这些自由都是平等的。

第二个原则主要适用于社会经济领域，适用于收入和财富的分配，以及那些利用权威、责任方面的组织机构的设计。所有社会价值——自由和机会、收入和财富、自尊的社会基础——都要平等地分配，除非对其中一种价值或所有价值的一种不平等分配合乎每一个人的利益。

罗尔斯分配正义的两个原则的根本目的是平等地分配各种基本权利和义务，同时尽量平等地分配社会合作所产生的利益和负担，在制度安排上实行机会的公平平等原则，所有的职务和所有的岗位（地位）平等地向所有人开放，在利益分配上允许有差别或允许有不平等，这种差别或不平等只允许那种能给最少受惠者（处境最差的、最贫困群体）带来补偿利益的不平等分配；因为，不仅造成差别的社会条件是偶然的，造成差别的自然因素，或者说天赋在人们中间的分配也是偶然的，因而应当把人们的天赋也在某种意义上视为社会财产，对天赋条件较低者予以补偿。实际上罗尔斯的差别原则目的也是在谋求平等，是为了缩小贫富差距，是弥补天赋上的差异的结果平等。

环境公平基本遵循了罗尔斯的分配正义理论，尊重资源的公平分配，与罗尔斯的平等原则相一致；尊重机会平等原则，保障弱势群体和贫困群体拥有平等享有基本资源的权益，正好符合罗尔斯的机会公平平等原则与差别原则相结合的理论。

### 三、环境公平内容

环境公平内容的研究是在罗尔斯正义论的基础上提出的代内公平、代际公平和种际公平的理论。

#### 1.代内公平

代内公平涉及国内环境公平和国际环境公平两层含义，代内公平的提出源于国内外在环境领域普遍存在着诸多不平等的非公平现象。集中体现为：开发环境所得利益集中于一些集团的利益，另一些集团则要承担相应的灾害。这里的得利集团是发达国家、白人种、统治阶级、富裕层、男性、成人；被贻害集团主要是落后国家、有色人种、被统治阶级、贫民层、女性、儿童。环境正义是人类社会所产生的社会不可欲物质（包括垃圾、有毒废弃物、核废料等），往往被社会中（国际上）的强势群体以各种手段强行迫使弱势群体接收及承担。

（1）国内环境不公平现象

国内环境公平指的是一国之内的环境公平问题，目前学者对国内公平的界定概括为，同一个国家内部不同社会阶层和不同区域间在环境权益和责任分配、安排上的公平性。国内环境公平起始于环境公平运动的源头，即国内的环境不公平现象，是在各国国内存在对弱势群体关于环境问题上的不公平对待问题上进一步提出来的。

对此，发端于美国国内的环境公平运动无论是从产生的原因和诉求的内容来看都极具代表性。从环境公平运动的起源看，环境公平源于 20 世纪 70、80 年代发生在美国国内的关于有毒废弃物的选址问题，在有害废物处理选址方面，环境公平的提出是由于美国国内的种族歧视导致环境不公平对待。无论是美国还是世界任何一个国家，垃圾填埋场的选址一般要求：征地费用较低，施工较方便，另外人口密度较低，土地利用价值较低的地方。化工厂等污染企业往往设置在受教育程度低、收入低，人数少于 25000 的农村地区，因为这些地区的居民最无力进行抵抗。由于有毒废弃物选址的不公平，致使居住地周边的居民生活在极其恶劣的环境中，以贫穷的黑人和少数民族为核心的弱势群体成为污染的最易受害者。

各国国内的环境不公平现象则以中国为例可概括为：城乡环境公平问题、区域环境公平问题和社会阶层环境公平问题等。城乡环境不公平现象，指将污染严重的工业产业向城郊转移，目的在于保证城市良好的生态环境，而这种保护是在以牺牲农村环境的基础上达到的，是显著的环境不公。区域环境公平问题是指资源富足的不发达地区将自然物产源源不断地送往发达地区，使发达地区积蓄了发展的能力，但不发达地区却从来没有得到发达地区的充分补偿。社会阶层环境公平问题，表现为富裕人群的人均资源消耗量远大于贫困人口人均资源消耗量，而在承受环境污染和生态破坏危害上，比例却相反。

总体上讲，国内环境不公平现象集中体现在发达地区和强势群体制造的环境问题由落后地区和弱势群体来承受。

（2）国际环境不公平现象

随着环境公平运动的进一步扩展，对环境公平的呼吁逐渐由美国国内向国际扩展，由国内弱势群体的主张逐渐延伸至发展中国家及第三世界国家对发达国家的控诉，主要涉及环境问题的两个方面：一是资源分配的不公平；二是制造污染与承受污染的不公平。西方发达国家主要通过以下几种途径向发展中国家和第三世界国家进行资源掠夺和污染转嫁：

第一，通过不平等的贸易体制掠夺资源，输出污染。

西方发达国家控制、掠夺和消耗着全球资源的主要部分，但却千方百计阻挠发展中国家的发展。他们仅占世界人口的1/4，却消耗着全球资源的3/4。为了保持西方现有的生活水平，他们一方面对本国自然环境精心呵护，另一方面却对本国之外（尤其是发展中国家）的自然资源继续掠夺，并输出更多污染，他们是全球资源的最大消耗者和全球污染的最大制造者。少数西方国家通过不平等的国际贸易体制从发展中国家获取廉价的原料，加工成成品后再高价出口到发展中国家，掠夺更多的财富。某些跨国企业以牺牲当地土著居民的健康与生存条件为代价，在亚马孙及东南亚雨林砍伐树木及采矿造成严重的土壤流失、水污染、动植物死亡及其他的生态破坏。

第二，转移肮脏的"夕阳产业"。

西方一些国家不仅从发展中国家掠夺资源和财富，还反过来利用发展中国家立法宽松的环境政策等弱势把本国产业升级淘汰的"夕阳产业"（技术落后的高消耗、低产出、高污染的传统产业）大肆向发展中国家转移。20世纪70至80年代，美国对有害环境的工业部门的国外投资39%在第三世界；日本对"最肮脏的"产业部门的国外投资，有2/3～4/5在东南亚和拉丁美洲，德国对化学工业的投资，有27%在第三世界。中国同样深受其害，1991年，外商投资的11515家企业中，污染密集型企业占29.12%，协议资金87.71亿美元，其中污染密集型企业占总投资额的36.8%。这些"肮脏工业"不仅对发展中国家的环境造成严重危害，而且从根本上破坏了发展中国家进一步发展的资源和环境基础，更是对整个全球的环境和资源造成破坏。1984年印度博帕尔毒气泄漏事故导致6000多人死亡，受害者近二十万人，至2009年依然有成千上万的人处于疾病与死亡的无尽痛苦之中，被污染的环境仍然没有得到恢复，这已经充分证明了发达国家污染转嫁给发展中国家，从而给发展中国家和全球环境带来的危害。

第三，进行"生态倾销"。

西方国家将垃圾、有毒废弃物作为贸易向发展中国家转移。世界银行首席经济学家劳伦斯·萨默斯曾在1992年发表环境侵略和犯罪性的言论，鼓励世界银行将废弃物出口到发展中国家，依据是：其一，南方国家人的平均寿命和收入较低，由疾病和过早死亡造成的生产和收入损失较低，污染成本也就最低。其二，那些还没有被污染的国家比北方国家有更大的容纳有毒废弃物的环境容量，而且环境效益也较低；北方国家面临的环境压力已经十分沉重，污染的边际附加费也极其昂贵。其三，出于审美和健康的原因，贫穷国家对清洁环境有较低的优先权，因此，当环境被破坏时，其补偿费用不高。据联合国环境规划署估计，全世界每年产出的危险废弃物高达4亿吨，其中1亿吨在他国处理，发达国家向发展中国家出口的危险废弃物达1000至2000吨。发达国家利用自身经济上的优势，发展中国家财政、外汇的弱势，将本国不愿吸纳的废弃物转移到发展中国家，同时也将环境危机转移给发展中国家（张兴杰，1998）。

第四，设置"绿色贸易壁垒"。

"绿色贸易壁垒"是指西方发达国家在国际贸易中，借环境保护的名义对国外进口商品制定过分高于国际公认的或是绝大多数国家所能接受的环境标准或比本国商品环境标准高的双重标准，以限制或禁止外国商品进口的贸易障碍。自20世纪70年代以来，随着全球环境问题的不断恶化，环境保护已成为世界各国的共识，因此，通过限制对环境有害的产品、服务、技术等的进出口制定较高的环境标准达到环境保护的目的是各国理应遵循的，同时国际公约也为此提供了相应的法律依据，如《技术贸易壁垒协定》序言规定："不得阻止任何成员方按其认为合适的水平采取诸如保护人类和动植物的生命健康以及保护环境所必需的措施。"但是对于西方发达国家而言，在过去的两个多世纪里，以牺牲全球环境为代价攫取了他国无法比拟的高新技术和雄厚的资金。在两百多年后的今天，作为历史罪人的他们却以救世主的身份高姿态地呼吁：地球是整个人类的家园，拯救地球！它们推脱历史责任，一面高呼环保，另一面却利用发展中国家经济发展水平低、技术落后、资金短缺等，迫于生存而设置的远低于发达国家环境标准之际，进一步通过不平等的国际贸易体制从发展中国家掠夺资源和财富，同时将肮脏的"夕阳产业"和垃圾、有毒废弃物作为贸易向发展中国家转移。面对发达国家带来的全球环境恶化、资源枯竭的境况，发达国家一方面在享受以环境破坏为代价换来的经济优势弥补自己本国的环境，追求着优越的居住环境，通过资源掠夺、污染转嫁的形式进一步获取经济利益；另一方面却推脱历史责任，一味地指责发展中国家人口问题和滥用资源，通过绿色贸易壁垒等方式限制和阻碍发展中国家的经济发展，结果导致发展中国家陷入环境恶化与贫穷交织的恶性循环（徐嵩龄，1999）。恩格斯早已预示，资源的耗竭、环境的污染可以造成更大范围和更深程度的贫困。正是由于西方发达国家自工业革命以来的发展模式损害了全球的环境，同时也损害了发展中国家当前和未来的生存环境和经济利益，欠下了几代人需要偿还而自己却设法逃避的"生态债务"，"富国给地球带来的污染远远超过其他所有国家，他们对清除工业化过程产生的污染负有不可推卸的责任。而且，自然环境恶化最早危及的、最深伤害的仍是穷人"。据世界卫生组织统计，全世界每年有270万人死于空气污染，其中90%生活在发展中国家，1/3的赤贫人口得不到安全的饮水供应，一半的赤贫人口没有卫生设备，因水引起的疾病导致每年500万人死亡，其中300万是儿童。因此，西方发达国家的环境保护实际是环境利己主义，在西方发达国家抛却历史责任，世界环境保护存在南北差异的情况下，WTO的环境规则并未对发展中国家做出政策上的倾斜，要求发达国家理应提供其依靠环境破坏而获得的环境保护性技术和资金援助，以弥补其环境破坏的罪责，结果使发展中国家陷入极其不平等的国际竞争中，处境更加恶化，在如此不平等的环境背景下，又何谈"共同的未来"。

（3）环境利益平等分配和环境权的主张

针对环境正义问题，环境正义论者认为代内公平是可持续发展的必要条件，同一代人在进行资源开发和享受清洁健康环境时拥有同等的权利。在当今世界，发达国家与发展中国家之间在利用自然资源方面的实际权利是极不平等的。在历史上，发达国家的富足建立在对发展中国家自然资源的剥削和掠夺的基础上，发达国家的发展是对发展中国家的利益和权利的严重侵犯和损害的结果。不发达国家的环境不正义现象，印度的生态主义者古哈提出了具有代表性的，被很多不发达国家环境正义论者认同的观点：首先，在印度，忍受环境退化带来的各种问题的最严重社会群体是穷人、无地的农民、妇女和部落，他们面临的是生存问题，不是生活质量的高低问题。其次，印度环境问题的解决涉及平等问题以及经济和政治资源的重新分配。

在环境伦理的视角上，协调好人与自然的关系，首先要做到利益问题上的"代内公正"。人类利益的代内公正指的是，当代人在利用自然资源、谋求自身利益和发展的过程中，要把大自然看成全人类共有的家园，平等地享有地球资源，共同承担维护地球的责任。

谋求人类代内的利益公正已成为对当代人的道德要求，而谋求平等公正的根本途径就是发达国家在挽救生态危机中承担主要责任，发挥主导作用，为消除贫富差距做出实际的努力。这既是对广大发展中国家的一种补偿行为，也是对它们过度消耗资源导致环境危机的一种补偿。当然，发展中国家也应尽自己的努力，解决本国的环境生态问题，控制人口，协调经济与环境的关系。总之，当今社会，生态环境危机已经不是一个民族或国家能单独应付的事，最终的解决需要全人类共同携手，共同迎接挑战，共同承担挽救危机的使命（苑银和，2013）。

2. 代际公正

如果代内公正体现了环境伦理学道德原则的空间维度的话，那么代际公正就体现了它的时间维度。代际公正指人类在世代更替过程中对利益的享有也应保持公平，当代人在满足自己利益的同时，还要考虑后代人的生存和发展需求，对后代人负责。

代际正义是罗尔斯在1971年《正义论》中提出来的，罗尔斯认为代与代之间的正义问题是必须考察的问题，虽然这个问题很困难，但是很重要，如果不考虑这个问题，那么对公平的解释就是不完全的。现代需要在多大程度上尊重下一代？这要依赖社会最低受惠值的水平，而最低受惠值的水平取决于正义的储存原则，目前我们不可能对应当有多高的储存率制定出精确的标准，只能认为储存的原则是为每一个发展水平分派一个恰当比率（或比率变动范围）的规则，不同的发展阶段可能会制定不同的比率。当人们由于贫穷而储存有困难的时候，应当要求一种较低的储存比率；而在一个较富裕的社会，则可以合理地期望较多的储存。每一代不仅必须保持文化和文明的成果，完整地维持已经建立的正义制度，而且也必须在每一代的时间里，储备适当数量的积累。罗尔斯代际正义的核心是每个时代的人都对后代人负有各种各样的义务和责任，每一代都应为下一代建立恰当的储蓄原则，不同阶段建立不同的储蓄原则，困难和贫穷阶段可以储存得较低些而富裕阶段可以储存得多些。

罗尔斯（1988）在处理代际正义问题时，提出了正义储存原则，其核心思想是合理储存率的确定以及世代都要按既定储存率流传遗产，以维持代际平衡。这一原则被视为是代际间的一种相互理解，以便各自承担实现和维护正义社会所需负担的公平的一份。罗尔斯强调通过一种"单向恩惠"，来实现整体互惠，即代际公平。并将其描述抽象为图3-1。

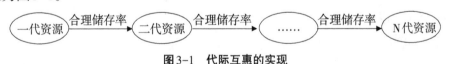

**图3-1 代际互惠的实现**

由图3-1可见，尽管接受了前面世代储存的好处，却没有哪一代能做出相应的回报。孤立地看，代与代之间是单向恩惠，但从整体来看却实现了互惠。代与代之间可以通过从前一代获得好处时，又为后面的一代尽其公平的一份职责，如有一代不履行职责，将导致世代的不公。确定储存率的原则是达到某阶段中某一代为紧邻的后代所愿意储存的数量和他们对前一代有权利要求的数量之间达到平衡。当从父代、子代双方看来都是合理状态时，这一阶段的公平储存比例就被确定了。储存率的制定既有利于各代的公平，又能有效地保证代际的延续。

20世纪80年代，随着环境问题的日益严重，环境正义运动的深入拓展，为了能使环境正义理论更为深邃，更富有依据，美国著名的国际法学家、美国国际法学会会长爱蒂丝·布朗·魏伊斯教授在罗尔斯代际正义理论的基础上使代际正义理论进一步系统化。罗尔斯提出了代际正义，当代人有为后代人储存的责任，但认为目前我们不可能对应当有多高的储存率制定出精确的标准，魏伊斯同样认为当代人对后代人负有责任和义务，这种责任和义务来源于：代与代之间的信托关系（Weiss，2002）。她提出了"行星托管"，指出每一代人都是后代人的地球权益的托管人，并提出实现每一代人之间在开发、利用自然资源方面的权利的平等。每一个世代都会非常想继承和上一代或以前的任何一代一样好的地球，并且能够拥有和以前的各个世代同样好的享用地球的机会。这样就要求每一代在往下一代传递他们所拥有的地球时，不会使地球的状况变差，通过代际公平的形式提供对地球资源和收益的享用机会。因此，在这种信托关系下，每一世代既是负有义务看护地球的信托人，同时又是使用地球权利的受益人。权利与义务共存于地球的每一个时代，在代与代之间，与义务相关的权利主体是未来的时代，与权利相连的义务主体是上一个时代。而在代内，权利和义务存在于当代的社会成员之间。

魏伊斯教授的代际正义理论是环境领域持有代际正义观的最富有代表性的理论观点，从魏伊斯的代际正义观可以看出，她是以罗尔斯的代际正义为理论基础。罗尔斯认为每个时代的人都对后代人负有各种各样的义务和责任，每一代都应为下一代建立恰当的储蓄原则；魏伊斯则认为代际具有一种信托关系，在这种关系下，上一代对下一代负有看护好地球的义务和责任，在这样的义务和责任下，每一代在传递的过程中都不会使地球的状况变差。因此，魏伊斯关于代际间的责任和义务继承了罗尔斯的代际正义理论（苑银和，2013）。

3. 种际正义

种际正义的提出最早源于20世纪60—70年代美国环境保护运动，随着全球性的环境危机与各种环境保护思想的不断扩展，各领域的学者，尤其是环境伦理学的学者们在强调人际平等、代际公平的同时，试图扩展伦理学的视野，把人之外的自然存在物纳入伦理关怀的范围，用道德来调节人与自然的关系，种际正义是对罗尔斯平等，即环境正义理论的拓展。

中国学者在阿尔贝特·施韦泽（A. Schweitzer）和保尔·泰勒（P. Taylor）的"生物平等主义"的基础上，综合西方的动物解放论、动物权利论、生命平等论、自然价值论、深生态学等理论流派的基础上总结概括了种际正义的含义。目前学界对种际正义的解释主要有三种：一是曹明德教授对种际正义原则所界定的含义引申，种际正义是指地球生物圈内所有物种都是生命共同体的成员，具有存在价值和内在价值，人类只是地球生物圈共同体中的普通成员，而非生物圈的主人，人类应当尊重其他生物生存和存在的权利。二是蔡守秋教授从环境公平的角度对环境正义的解释，人要尊重自然，热爱大地，保护环境；动物和其他非人生命体应该享有生存权利，人与非人类生命体物种之间要实现公平。三是曾建平教授对种际正义的定义：种际正义是指人与自然之间保持适度、适当的开发与保护关系，保持人与自然之间的道德关系，既不能为了人的利益而破坏自然的持续生存，也不能因为保护环境而置人于死地，这也是环境伦理的主要内涵。

对于种际正义主张的"种"的正义范围，可以在杨通进《环境伦理学》的主题论证中体现出来，目前主要有三种观点：第一种是动物解放/权利论（animal liberation/rights theory），主张人与动物之间的平等，要求赋予动物相应的道德权利，人不仅对自己负有义务，对动物也负有直接的道德义务，因为动物（至少其中的高等动物）也具备成为道德顾客的资格；第二种是生物中心论，主张人与所有的生命物之间的平等，认为人的道德义务范围并不仅仅局限于人和动物之间，要求赋予所有生命体相应的道德权利，人对所有的生命体都应负有直接的道德义务，所有的生命都具备成为道德顾客的资格；第三种是生态中心论，把整个自然界看作是一个生命共同体，在这个共同体中，人只是共同体中的一员，如果作为共同体（自然生态系统）中的人具有内在价值，那么自然系统也具有客观的内在价值，主张生态系统的完整性，人与自然体之间的平等，维护和促进具有内在价值的生态系统的完整和稳定是人所负有的一种客观义务。

人地公正指人类与大自然应保持一种公正关系，具体来说就是人们应该尊重自然的完整与稳定，尊重自然物的固有价值，有意识控制自己的行为，合理利用自然资源，控制改造自然的程度，保护生物多样性，自觉维护生态系统的完整稳定。

实现人地公正是对伦理学环境公正原则的新的扩展，人类对自然价值和权利的认识，对自然生境的维护反映了人类对自身与自然关系的新认识。人类应该意识到，对自然界的关爱并不会降低自己的身份。这种关爱不仅是出于对人类自己生存和发展利益的维护，还出于作为地球公民的责任和义务，出于对人类崇高理想境界的追求（左玉辉，2010）。

环境伦理的公正原则从两个方面实现了对传统伦理学的突破：从横向来说，环境公正讲平等的范围从"人–人"关系扩展到"人–自然"关系；从纵向看，环境伦理学将平等的范围从当代扩大到后代，把后代子孙的利益也纳入道德关怀的视野中，提出了代际的公正和平等。

## 第二节　环境公平内涵

环境公平具有相当丰富的内涵，并随着研究领域的不断扩展而趋向多层次、多角度。传统经济理论对公平的研究主要集中于收入分配方面，人们最初认为公平是对社会成员收入进行调节以避免出现收入过于悬殊的基本原则，其后对分配尺度、分配结果的公平性也有研究，再后来又发展到研究公平的主客观内容，即引入了主观心理因素。可持续发展中的公平，不仅仅是一个纯道德伦理学的概念，而且具有环境、资源等方面的实际意义，是一个包容性很强的概念。对其理解和评价应该包括时间、空间和内容三个方面（见图3-2）。

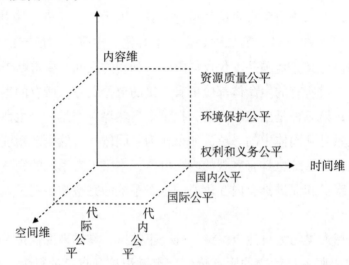

图3-2　环境公平内涵示意图

从时间上，环境公平包括代际公平和代内公平；从空间上，环境公平包括国内公平和国际公平等；从内容上，环境公平包括环境质量、环境保护、权利和义务等方面的公平。

在以上三维坐标中，可以组合出多个具体的公平问题。但实际上，对于每一个研究背景而言，并非所有的问题都有必要考虑进去。例如在考虑自然资源分配的公平时，人们的主观心理感受就应适当淡化，如果一味地强调人们的满足程度，把研究的焦点集中于人们心理的满足度，就将鼓励消费水平低的国家、地区向消费水平高的国家看齐，加大对全球自然资源基础的压力。如果现代人的心理平衡建立在对资源的掠夺上，很可能会由于现代人的高消费水平破坏了维持后代人生活和生产的资源，代际的公平便无法实现（陈基湘和姜学民，1998）。因此，研究具体的公平问题时，应根据不同的背景确定公平的内涵，环境公平，尤其是水资源消费引起的公平尚未引起人们的重视，拓展新的含义十分必要（梁彤伟和李露亮，1998；徐玉高等，2000；张仁田，2004）。本项目以流域为研究的尺度，居民家庭消费水足迹核算为居民对水资源的占用提供了明确的时空信息。为讨论可持续和公平用水提供了素材，也为当地环境、社会和经济影响评价奠定了良好的基础。

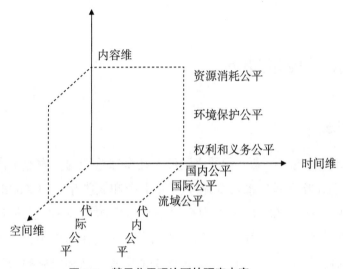

图3-3  基于公平理论下的研究内容

# 第四章　水足迹核算

## 第一节　水足迹研究进展

### 一、水足迹概念

人类活动会消耗和污染大量的水资源。在全球范围内，农业生产消耗了大部分的水资源，还有相当一部分水资源用于工业生产和人类生活（World Water Assessment Programme，WWAP，2009）。一般认为，总的水资源消耗和污染是各种独立的水资源需求和水污染活动之和。然而只有很少的人会关注这样的事实，水资源的总体消耗和污染最终是与商品消费类型和数量以及提供消费者产品和服务的全球经济结构密不可分的。人们很少想到在整个生产和供应链中研究水的消耗和污染，也很少意识到水的消耗和污染量以及时空分布会受到生产和供应链的组织方式及特征的深刻影响，并与最终消费的产品相关联。Hoekstra 和 Chapagain（2008）研究表明，解释产品背后的虚拟水有助于理解淡水资源的全球属性及消费和贸易对水资源使用的影响。这种深入的理解将为更好地管理全球水资源打下基础。

Hoekstra 于 2002 年提出了"水足迹"的概念（Hoekstra，2003），之后这种在整个产品供应链中考虑用水的观点引起了极大的关注。水足迹是一种衡量用水的指标，不仅包括消费者或者生产者的直接用水，也包括间接用水。水足迹可看作水资源占用的综合评价指标，有别于传统且作用有限的取水指标。一种产品的水足迹指用于生产该产品的整个供应链中的用水量之和。水足迹分为蓝水、绿水和灰水足迹。蓝水足迹指产品在其供应链中对蓝水（地表水和地下水）资源的消耗。"消耗"指流域内可利用的地表水和地下水的损失。绿水足迹指对绿水（不会成为径流的雨水）资源的消耗。灰水足迹是与污染有关的指标，指以自然本底浓度和现有的环境水质标准为基准，将一定的污染负荷吸收同化所需的淡水的体积。水足迹是水消耗和水污染的体积衡量指标。特定数量的水消耗和水污染对当地环境的影响取决于当地水系统的脆弱性及使用此水系统的消费者和生产者数量。

## 二、水足迹评价

### 1.水足迹评价内容

水足迹评价包括以下内容：量化生产过程、产品、生产者或消费者的水足迹及其位置，或量化特定地理区域水足迹及其时空特征；评价水足迹的环境、社会和经济可持续性；制定水足迹响应方案。从广义上说，水足迹的评价目标是分析人类活动或特定产品与水资源短缺和污染问题之间的相关性，并从水的角度考虑如何使这些活动或产品变得更加可持续。水足迹评价的内容主要取决于其评价的关注点：可以关注生产链的某个特定过程的水足迹，或是最终产品的水足迹；可以关注消费者、产品或整体经济部门的水足迹；也可以采用地理视角分析不同研究区内的水足迹，如市、省、国家或者流域。

水足迹评价是一个分析工具，可以帮助了解人类活动和产品对水资源短缺和污染造成的影响，并提供相应的解决方案，以确保人类活动和产品对淡水的可持续利用。在水足迹评价中为保证评价的透明性，研究者在开始就应设定明确的研究目标和范围。进行水足迹研究有许多不同的原因。例如，一国政府可能会关注本国对外国水资源的依赖程度，或者了解高耗水产品进口地区的水资源可持续利用情况；流域管理机构希望了解任意时间段内流域人类活动总水足迹是否违背了环境流量需求或水质标准，或流域内稀缺的水资源有多少被分配给低价值的出口作物；一个公司希望了解其供应链对稀缺的水资源的依赖程度，或者怎么才能减少整个供应链及其自身生产过程对水系统的影响。

### 2.水足迹评价目标

水足迹研究目的多样。研究时，需要根据研究目标确定分析范围，并根据范围做出不同的假设。由于水足迹评价的对象不同，评价初期确定评价类型十分关键。水足迹评价类型主要有以下几种：①过程水足迹；②产品水足迹；③消费者水足迹；④消费群体水足迹，包括一个国家的消费者水足迹，省、市或其他行政单元的消费者水足迹，一个流域的消费者水足迹；⑤地理区域内的水足迹，包括国家内的水足迹；省、市或其他行政单元内的水足迹，流域内的水足迹；⑥企业水足迹；⑦企业部门水足迹；⑧人类整体的水足迹。

水足迹评价最重要的是确定研究所需要的详细程度。如果仅仅是为了提高对水足迹的认识，评价国家或全球水平的产品平均水足迹就可以满足要求。如果为了确定水足迹热点地区，则需要在研究区内搜集详尽的资料，随后进行详细的计算和评价，从而能够明确水足迹对当地环境、社会和经济产生巨大影响的时间和空间资料。

3. 水足迹核算范围

在进行水足迹核算时需要明确清单范围。清单范围指在核算时应"包括什么"和"不包括什么"。进行水足迹核算之前，核算范围主要包括以下内容：①是否考虑蓝水、绿水和灰水足迹；②在供应链的何处终止分析；③何种时空尺度；④数据的时间范围是什么；⑤对于消费者和企业，是考虑直接还是间接的水足迹，或是两者同时考虑；⑥对于国家，国家内的水足迹和/或国家消费的水足迹，国家消费的内部或外部水足迹。下面对清单范围的六个方面分别进行说明。

（1）蓝水、绿水和灰水足迹

同绿水资源相比，蓝水资源更为短缺，且机会成本较高。因此，人们通常只关注蓝水足迹。我们同样应该关注绿水足迹，因为绿水资源也非常有限和缺乏。同时，蓝水和绿水在农业中可以相互替代，计算这两者才能全面了解整个水资源的消耗状况（Falkenmark，2003；Rockstom，2001）。灰水足迹的提出，实现了从水量的角度评价水污染，从而可以与水资源消费的量进行比较（Chapagain et al.，2006；Hoekstra and Chapagain，2008）。如果研究水污染，并基于可利用水资源量来比较水污染和水消耗，就需要在核算蓝水足迹之外对灰水足迹进行核算。

（2）在整个供应链中何处终止分析

这是水足迹核算中的一个基本问题。在碳足迹核算、生态足迹核算、能源分析及生命周期评价中都可存在类似的问题。在水足迹核算方面，尚有一套通用成熟的原则，但一般原则是对总体水足迹有"显著"贡献的生产体系内的水足迹都应核算。何为显著，这里假定贡献度"大于1%"的就是显著的水足迹，若研究者只关注贡献度较大的组分，可设临界值为"大于10%"。若对特定产品的源头进行追溯，将会发现供应链永无休止并且广泛分叉，因为每个过程都有不同的产品投入。根据一般经验，可预测产品中与农业产品有关的原材料对整体产品水足迹有很大的贡献。因为大约86%的人类水足迹都产生于农业领域（Hoekstra and Chapagain，2008）。如果考虑水污染，工业原材料可能产生特别的影响，因为工业原料促进了灰水足迹的产生。

有关终止的一个具体问题为是否需要核算工人的水足迹。因为几乎所有过程的投入都含有工人成本。工人需要食物、服装和饮用水，因此产品的间接水足迹应纳入工人所有的直接和间接水需求。然而，这就产生了一个非常重要的核算问题，即重复核算，这也是生命周期评价中经常出现的一个问题。解决产品中自然资源消耗的常用方法就是根据消费者的消费数据将自然资源使用分配到最终产品当中。然而，消费者也是工人，如果把消费者使用的自然资源作为生产中劳力投入因素所隐含使用的自然资源来算，就会产生双倍、三倍甚至更多的无尽的循环计算。因此，将劳力的间接资源使用从水足迹核算中提出是一种普遍可行的方法。

另一个问题，是否应包括运输的水足迹。运输消耗大量的能量，在产品从生产到达最终目的地所消耗的总能量中占据很大的比例，很多情况下，与产品制造消耗的总淡水量相比，运输消耗的淡水量并不大。运输消耗所占比例取决于产品类型和能量应用的类型。当产品运输的水足迹在总水足迹中仅占较小比例时，分析时可忽略。如果运输中使用的能源是生物能源与水电能源，核算时应包括运输的水足迹，因为这些能量形式都具有相当大的水足迹。总体而言，在最终产品的水足迹分析中，应当明确是否要包含生产系统中能量应用的水足迹。在更多情况下，能源因素仅占产品总水足迹的一小部分。当能量来自生物能源、生物燃烧或水力发电时，由于这些能量具有较大水足迹，需要在水足迹核算中予以考虑（Gerbens-Leenes et al.，2009；Yang et al.，2009；Dominguez-Faus et al.，2009）

（3）时空尺度

水足迹评价可以发生在不同时空尺度，主要分为三类尺度：全球尺度、国家、区域或者特定流域尺度、小流域或田间尺度。全球尺度的水足迹对数据精度要求是最低的，水足迹评价是基于可获得数据库中的全球平均水足迹数据进行的，数据参考多年的平均值。这一级别的水足迹评价对提升水足迹认识是足够且可行的，也适合用于确认对总水足迹有重要影响的产品或原料。全球平均水足迹数据有利于在未来消费格局发生重大变化（如向肉食或生物能源的转变）时，对全球水消耗进行粗略预估。国家、区域或者特定流域尺度，为基于可获得地理区域数据库的国家平均、区域平均或特定流域的水足迹数据。数据为月平均数据，但仍为多年平均的月数据。这种数据精度能够为确定当地流域的热点区域和水分配方式提供基础依据。小流域尺度的水足迹核算有准确的数据来源，能够明确水足迹的地理区域和时间。最小空间分辨率为小流域程度，也可进行田间程度的核算，即核算农场、生活区或者工厂的水足迹。最小时间分辨率为月，研究年内变化也是分析的一部分。核算基于当地实际的水资源消耗和污染的最佳评估，最好进行实地核实。高精度时空分布的水足迹核算适用于为特定地区制定水足迹减量策略。

（4）数据的时间范围

随着时间变化，可利用的水资源量不断波动，水的需求也随之发生变化。无论进行何种水足迹研究，都需要清楚数据的时间范围，因为随着选择的时间范围不同，其结果也会不同。在干旱年份，由于灌溉用水需求大，作物的蓝水足迹会比湿润年份高得多。研究者可以选择核算1年或者多年的水足迹。对于后一种核算，需要将不同时间范围的数据都整合在一起进行分析，如生产和产量数据采用近5年的数据，而气候数据（温度和雨量）采用过去30年的平均数据。

（5）直接和/或间接水足迹

建议同时考虑直接和间接水足迹。消费者和公司以前往往关注直接水足迹，然而间接水足迹量更大。由于仅注重直接水足迹，消费者通常会忽略这种现实。他们消费水足迹中，大部分源自超市或是其他地方所购买的产品，而非在家直接消耗水。对于大部分企业而言，企业供应链中的水足迹比其自身运营的水足迹大得多；忽略供应链的水足迹会导致倾向于降低运营水足迹的投资，但实际上，改善供应链以减少水资源消耗的成本更低。然而，根据不同的研究目的，分析时可选择只核算直接或间接水足迹。

（6）国家内部水足迹还是国家消费水足迹

"国家内部水足迹"指国家境内消耗或污染的总淡水量，生产用于国内消费产品的用水和生产出口产品的用水。"国家内部水足迹"不同于"国家消费水足迹"，后者指国内居民消费的产品和服务所消耗的总水量，包括国内用水和国外用水两部分，但必须限定为国内消费的产品所消耗的水。国家消费的水足迹包括内部和外部两部分。外部水足迹分析有利于完整地了解国家消费对水资源的使用发生在本国还是他国，从而分析国家对水的依赖性及进口的可持续性，如果关注点只在本国水资源消耗，仅需考虑国家内部水足迹。

4.水足迹可持续评价的范围

可持续评价阶段的首要问题是从哪个角度进行分析，是从地理的角度，还是从过程、产品、消费者或者生产者的角度。从地理角度，需要考虑特定区域的总水足迹的可持续性。这一特定区域最好是流域或子流域，因为在流域单元易于进行水足迹与可利用水资源量的比较，确定水资源分配冲突或是潜在冲突发生的地区。从过程、产品、消费者或是生产者的角度来看，重点不是一个地理区域的总水足迹，而是个别过程、产品、消费者或生产者在总水足迹中所占的比例，包括两个部分：第一，具体过程、产品、消费者或生产者水足迹对全球人类的总水足迹的影响是什么？第二，他们对具体地理区域总水足迹的影响是什么？从可持续的观点看，分析它们对全球总水足迹的贡献很有意义，因为世界淡水资源有限，我们需要从技术或社会层面关注贡献度超过合理的最大需求的水足迹。分析各地对流域或子流域总水足迹的贡献也颇为重要，需要关注那些环境需水得不到满足、水资源分配不可持续的区域对总水足迹的贡献。

水足迹可持续评价的范围主要取决于从哪个角度出发。大部分情况下，根据具体的评价目标，需要进一步明确范围。从地理角度可参照以下内容：

①是否考虑绿水、蓝水和灰水足迹的可持续性？

②是否考虑环境、社会和/或经济方面的可持续性？

③仅需考虑热点区域，还是需要进一步分析热点区域的初级和/或次生影响？

上面三项中的最后一项的选择会影响评价所需的详细程度。确定热点——也就是找出在一年中特定时间范围内水足迹不可持续的（子）流域——通过蓝绿水足迹与可利用蓝绿水资源量的比较就可以找到。但如果不考虑水足迹造成的初级和次生影响，可能导致水资源短缺或污染的情况发生。在进行水足迹和可利用水资源量的比较时，选用的空间和时间分辨率越高，就可以越容易也越精确地确定热点区域。使用整个流域的年数据仅能得到大概的热点区域。想要得到更精确的结果，就需要采用小流域的月数据。确定热点之后，为了更好地理解地理区域内的水足迹造成的影响，研究者需要具体描述流域的水足迹如何影响区域的水量和水质（初级影响）以及最终指标，如福利、社会公平、人类健康和生物多样性。

研究过程、产品、消费者或生产者的水足迹的可持续性，重点是探寻：这些水足迹对构成全人类的水足迹而言是否必要；这些水足迹是否促进了具体的热点区域的形成。将每个单独过程或是产品的水足迹与该过程或产品的国际标准（如果该标准存在的话）进行比较，就可以得到第一个问题的答案。当不存在这种标准时，需要扩展评价的范围，确定合适的标准。根据某个水足迹是否产生于热点地区，就可以确定该水足迹是否促进了热点地区的形成。这需要世界范围内热点的空间和时间数据库。当无法获取这些数据时，需要扩大研究范围，从而从地理角度将流域研究也包括进来，将过程、产品、消费者或生产者的水足迹的主要组分所在的所有流域纳入研究中。

5. 水足迹响应方案的范围

制定水足迹响应方案阶段的范围取决于所研究的水足迹类型。特定地理区域内的水足迹研究中存在的问题是：怎样做才能减少区域内的水足迹？谁去做？花费多少？什么时间去做？当进行响应方案的范围设定时，需要特别明确"谁来响应"。在谈论地理区域的水足迹设定时，人们最先可能想到的是政府能够做什么，其次是消费者、农民、公司和投资者可以做什么以及与政府间如何合作。谈到政府，需要区分政府的不同级别和每个级别的政府机构。例如，在国家层面，需要的响应可能会转化成不同政府部门的行动，范围涉及水利部门、环保部门、农业部门、能源部门和经济部门的空间规划，贸易和外交部门的业务。在确定响应机制的设定范围时，需要从开始就明确谁来确定这些机制。

对于消费者或消费群体的水足迹，仅需简单地考虑消费者可以做什么，但仍可以对其他因素进行分析。例如，公司和政府可以做什么。当考虑公司的水足迹评价的响应时，至少需要考虑什么程度的响应可以促进公司的发展，但也可以制定更广泛的响应方案。

## 三、水足迹核算

人类几乎所有的活动都需要陆地的淡水。海洋中的咸水并不能直接用于饮用、洗漱、做饭、灌溉和绝大部分工厂的生产。海水通过净化可以被利用，但是成本高、能量消耗大，仅适合小规模应用。此外，海水分布在海岸边，而大量水资源的需求地在内陆，因此运输上也是一个大问题。总之，人类依赖陆地的淡水资源。虽然水资源是循环的，陆地的淡水资源可以不断更新补充，但是可利用的淡水资源是有限的。人们每年都需要一定的生活、农业和工业用水，但使用的水量不能超过年更新补充水量。因此我们应关注的主要的问题是：一段时间内，可利用的淡水资源有多少？人们实际用了多少？水足迹核算可以解决后半个问题。水足迹反映了人类使用的淡水量。

单一过程的水足迹是所有水足迹核算的基础（图4-1）。中间或最终"产品"（商品或服务）的水足迹是该产品所有生产过程的水足迹的总和。消费者消费的各种产品的水足迹影响着个体消费者的水足迹。消费群体的水足迹，如市、省、州或国家的消费者群体水足迹，是该群体所有个人消费水足迹的总和。生产者或企业的水足迹等于生产者或企业所生产的产品水足迹总和。省、国家、流域等地理区域内的水足迹等于发生在这个地域内所有过程的水足迹总和。人类的总水足迹等于世界所有消费者的水足迹总和，等于每年消费的最终商品和服务的水足迹总和，也等于世界上所有水消耗或污染过程的总和。下面重点介绍作物或树木生长的绿水、蓝水和灰水足迹核算（Hoekstra，2012）。

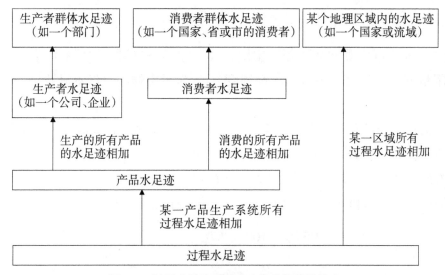

**图4-1　过程水足迹是所有水足迹核算的基础**

1. 作物或树木生长的绿水、蓝水和灰水足迹核算

许多产品的原料都来自农业或林业。作物可用作食品、饲料、纤维、燃料、油、肥皂、化妆品等。乔木和灌木可用作木材、纸张和燃料。由于农业和林业是主要的耗水部门，因此与农业和林业生态系统相关产品的水足迹比较大，也比较重要。此类产品都与作物或树木生长的水足迹密切相关。下面介绍如何评价作物和树木生长的水足迹。该方法适用于一年生和多年生作物，树木可以被看作一种多年生的作物，也包括用于生产木材的"树"。

作物或树木生长的总水足迹是其绿水、蓝水和灰水足迹之和。

$$WF_{\text{proc}}=WF_{\text{proc, green}}+WF_{\text{proc, blue}}+WF_{\text{proc, grey}} \tag{4-1}$$

作物或树木生长过程的绿水足迹等于作物耗水中的绿水量除以作物产量。蓝水足迹的计算也类似。

$$WF_{\text{proc, green}}=\frac{CWU_{\text{green}}}{Y} \tag{4-2}$$

$$WF_{\text{proc, blue}}=\frac{CWU_{\text{blue}}}{Y} \tag{4-3}$$

一年生作物的产量可以从产量统计中得到。对于多年生作物，可以采用作物生长期内的平均年产量。多年生作物种植第一年的产量很低或为零，几年之后产量增高，随着作物的寿命结束产量又降低。作物的耗水变化过程与产量类似，水足迹核算时应该计算作物生长期的平均年耗水量。

作物或树木生长过程的灰水足迹计算公式为

$$WF_{\text{proc, grey}}=\frac{(\alpha \times AR)/(C_{\max}-C_{\text{nat}})}{Y} \tag{4-4}$$

其中，$AR$ 为每公顷土地的化肥施用量；$\alpha$ 为淋溶率（进入水体的污染量占总化学物质施用量的比例）；$C_{\max}$ 为最大容许浓度；$C_{\text{nat}}$ 为污染物的自然本底浓度；$Y$ 为作物产量。

污染物通常包括化肥（氮、磷等）、除草剂和杀虫剂。计算时仅需考虑进入淡水体的"废水流"，通常指土地中施用化肥或杀虫剂进入水体的比例。一般来说，只需计算最关键的污染物，即产生最大灰水足迹的污染物。

作物耗水的绿水和蓝水部分等于整个生长期每日蒸散发的积累，即

$$CWU_{\text{green}}=10\times \sum_{d=1}^{\lg p} ET_{\text{green}} \tag{4-5}$$

$$CWU_{\text{blue}}=10\times \sum_{d=1}^{\lg p} ET_{\text{blue}} \tag{4-6}$$

其中，$ET_{\text{green}}$ 为绿水蒸散发量；$ET_{\text{blue}}$ 为蓝水蒸散发量。常量因子10是将水的深度转化为单位陆地面积的水量单位的转换系数。总和 $\sum ET$ 求的是从种植日期（第一天）到收获日期的积累量（$\lg p$ 表示生长期的长度，以日计量）。不同作物生长期的长度差异很大，对作物耗水的影响非常明显。对长久生（多年生）作物和森林来说，全年都在进行蒸散发。此外，要想计算多年生作物和树木在整个生长周期内的蒸散发的变化，研究者应当对作物或树木整个生命周期的年平均蒸散发进行研究。假设某一多年生作物生命周期为20年，从第6年开始提供产量。在这种情况下，用作物20年的耗水量除以15年的总产量得到单位质量产品的水足迹。作物"绿水"消耗指在生长期田间总雨水蒸散发量；作物"蓝水"消耗指用于田间灌溉的蒸散发量。

通过经验公式模型可以估算蒸散发量。直接测量蒸散发的成本较高，也非常罕见。研究者通常以气候、土地类型和作物特征作为输入数据，利用模型间接估算蒸散发。模拟ET和作物生长的方法和模型有很多。常用模型是EPIC（Erosion-Productivity Impact Calculator model）模型（Williams et al.，1989；Williams，1995），以及基于地理信息系统的GEPIC（an extension of original EPIC， was developed linking ArcGIS［a Geographic Information System］）模型（Liu et al.，2007）。联合国粮农组织（FAO）开发的以Allen等（1998）提出的方法为基础的CROPWAT模型（FAO，2010b）也是常用的模型。另一种模型为AQUACROP模型，FAO新推出的以水分为驱动的作物生长模型，专门用于模拟缺水状况下的作物生长和 $ET$（FAO，2010e）。

CROPWAT模型为计算蒸散发提供了两种不同的方法："作物需水量法"（假设最适宜的生长条件）和"灌溉制度法"（包括实际灌溉供给的可能性）。建议采取第二种方法，因为它同时适用于最适宜和非最适宜生长条件的模拟，也更为准确（该模型包括土壤水分动态平衡）。

计算作物生长的绿水、蓝水和灰水足迹需要大量的数据源，一般来说最好使用相关作物的当地数据。大多数情况下，收集当地详细的数据非常困难。如果只是粗略的计算，可以考虑采用研究地周边、所在地区或是国家的平均数据，因为这些数据比较容易获得。

水足迹核算需要的主要数据包括：气候数据、作物参数、作物产量、土壤数据图、灌溉分布图、化肥施用率、杀虫剂施用率、淋溶率、环境水质标准、受纳水体的自然本底浓度和受纳水体的实际浓度。

气候数据，应使用离田地最近的、最具代表性的或在农田生产区域的气象观测站的气象数据。当区域内有多个气象观测站时，可以根据每个站点的数据都计算一次，然后比较和权衡计算结果。气象数据库CLIMAT2.0（FAO，2005）提供了CROP-WAT8.0模型所需的气象数据。

作物参数，包括作物系数和种植模式（种植和收货日期），最好采用本地数据。作物的品种及其最适宜生长期取决于气候及其他因素，如当地的习俗、传统、社会结构、现有法规和政策。因此，最可靠的作物数据来源于当地的农业研究站。可利用的全球数据库有：Allen等（1998）、FAO（2010）、美国农业部（USDA）（1994）、FAO的全球信息网以及预警系统提供的发展中国家主要作物历。

2. CROPWAT模型计算作物蒸散发的两种方法

（1）作物需水量法

作物生长期的蒸散发可以用联合国粮农组织的CROPWAT模型来估算（FAO，2010b）。该模型提供了两个备选方案。最简单但非最准确的方案是作物需水量法，该选项假设作物生长过程不受水分的限制，计算：①在特定气候条件下生长期作物需水量（$CWR$）；②同期的有效降水；③灌溉蓄水。

作物需水量是在理想的生长条件下，作物从种植到收获所需的蒸散发量。"理想条件"是指降水或灌溉能保证充足的土壤水分，而不会因为水分限制而影响作物生长或作物产量。作物需水量由参照作物蒸散量（$ET_0$）乘以作物系数（$K_c$）计算而得：$CWR=K_c \times ET_0$。假设作物需水量得到充分满足，作物的实际蒸散发将等于作物需水量：$ET=CWR$。

参考作物蒸散量$ET_0$来自于不缺水参考地表的蒸散发。参考作物是假设具有特定标准特点的大的绿草覆盖面，所以影响$ET_0$的唯一因素是气候参数。$ET_0$表示在特定的地点和时间，在不考虑作物特性和土壤因素条件下的空气蒸发能力。作物在理想条件下的实际蒸散发完全不同于参考作物蒸散量，作为地表覆盖物，作物实际的冠层特性和空气动力学特性完全不同于作为参照作物的草本植物所具有的相应特性。作物和草之间的特征差异可以用作物系数$K_c$表示。作物系数的变化取决于作物生长期的长短。不同生长期作物系数的取值可参考相关文献（Allen et al.，1998）。还有一种可选方法，$K_c$为$K_{cb}$与$K_e$之和，其中，$K_{cb}$为基本作物系数，$K_e$为土壤蒸发系数。基本作物系数是指当土壤表面干燥但处于潜在蒸腾阶段（水分不限制蒸腾）时作物蒸散发和参考作物蒸散量的比率（$ET_c/ET_0$）。因此，$K_{cb} \times ET_0$主要表示的是$ET_0$的蒸腾部分，但蒸散发包括干燥地表和茂密植物下土壤水分的蒸发。当地表因降水或灌溉湿润时，$K_e$是最大的；当地表土壤表层没有水分维持其蒸腾而干燥时，$K_e$很小甚至为0。不同的灌溉技术会有不同的土壤表层湿度。例如，喷灌湿润土壤的能力比滴灌强，会在灌溉之后直接产生更高的$K_e$也会产生更高的$ET_c$。因此CROPWAT模型并没有分别详细地考虑$K_{cb}$和$K_e$，它只要求$K_c$的详细数值。此外，$K_c$没有日值，只能分为作物生长的三个不同时期。因此CROPWAT只能通过粗略的调整$K_c$来反映不同灌溉技术使用的效果。平均来说，灌溉技术使土壤湿润则$K_c$的值有更高的趋势。作为CROPWAT的备选，人们可以选择使用AQUACROP（FAO，2010e），这是一个作物模型，它可以更好地模拟在水分胁迫条件下的作物产量，它也可将$K_{cb}$和$K_e$分离。

有效降水（$P_{eff}$）是总降水的一部分，它留存在土壤中，为作物提供潜在的可利用水分。有效降水常常小于总的降水，因为不是所有的降水都会被作物所利用，如降雨可转化为地表径流或者土壤入渗（Dastane，1978）。有许多不同的方法可以根据总的降水估计有效降水。Smith在1992年提出了USDA SCS方法（该方法由美国农业部土壤保护局提出），这种方法是CROPWAT的四个可选方法之一。

灌溉需求（$IR$）由作物需水和有效降水之间的差值算出。如果有效降水大于作物需水量，灌溉需求为0。绿水蒸散发（$ET_{green}$），也就是降水的蒸散发，等于总作物蒸散发（$ET_c$）与有效降水（$P_{eff}$）的较小值。蓝水蒸散发（$ET_{blue}$）也就是农田灌溉用水的蒸散发，等于总作物蒸散发减去有效降水（$P_{eff}$）。但当有效降水超过作物蒸散发时，其值为0。

$$ET_{green} = \min(ET_c, P_{eff}) \tag{4-7}$$

$$ET_{blue} = \max(0, ET_c - P_{eff}) \tag{4-8}$$

灌溉需求（$IR$）、绿水蒸散发（$ET_{green}$）和蓝水蒸散发（$ET_{blue}$）用公式表示如下：

$$IR=\max（0，CWR-P_{eff}）\tag{4-9}$$

（2）灌溉制度法

作物生长时期的绿水和蓝水的蒸散发可以用FAO的CROPWAT模型来模拟（FAO，2010b）。该模型提供了两个备选方案。其中考虑到作物生长期的实际灌溉的"灌溉制度法"比"CWR选项"更精确却并不复杂多少，该模型不采用有效降水概念。作为替代，该模型包括土壤水分平衡。因为这个原因，该模型要求输入土壤类型数据。所计算的蒸散发叫作$ET_a$，其所计算的作物蒸散发在非理想条件下会小于$ET_c$。$ET_a$等于理想条件下作物蒸散发（$ET_c$）乘以水胁迫系数（$K_s$）：

$$ET_a = K_s×ET_c = K_s×K_c×ET_0 \tag{4-10}$$

水胁迫系数$K_s$描述水分胁迫对作物蒸腾的影响。当存在土壤水分限制条件时，$K_s<1$；当没有土壤水分胁迫时，$K_s=1$。作物系数$K_c$与"CWR选项"中描述的定义一致。

雨养条件可以通过假定灌溉深度为零来模拟。在雨养条件下，绿水蒸散发（$ET_{green}$）等于模型模拟的总蒸散发量，而蓝水蒸散发（$ET_{blue}$）等于0。

灌溉条件下可以通过明确灌溉方式进行模拟。灌溉时间和制度可以根据实际的灌溉策略来进行选择。默认的选择为"关键期灌溉"和"回补到最大田间持水量"，假定"优化"灌溉，使最大灌溉间隔能最大限度地避免作物生长胁迫。平均的灌溉深度是与灌溉方法相关的。一般来说，在高频灌溉系统中，如微灌系统和喷灌机，大约每次灌溉10mm或者更少。在漫灌和喷灌条件下，灌溉深度为40mm或者更深是很常见的。在选定灌溉模式后运行模型，在模型的输出结果中，作物在生长期总的水分蒸散发（$ET_0$）等于所谓的"作物的实际用水"。蓝水的蒸散发（$ET_{blue}$）等于"总的净灌溉"和"实际的灌溉需求"两者中的较小值。在灌溉条件下，绿水的蒸散发（$ET_{green}$）等于总的水分蒸散发（$ET_a$）减去蓝水的蒸散发（$ET_{blue}$）。

另外，模型还可运行两种情景：有灌溉和无灌溉。在这两种情景下，应选择有灌溉条件下的作物特性（如根的深度），因为在灌溉条件和雨养条件下这些作物的特性会有不同。绿水在灌溉条件下的蒸散发可以通过假定其等于在无灌溉情境下总的蒸散发来估计。蓝水的蒸散发可以通过在灌溉情景下的总的蒸散发减去无灌溉情景下的绿水蒸散发来计算。

值得注意的是，在作物的整个生长期中，蓝水的蒸散发总体上是少于实际的灌溉量的，其差值为灌溉用水从田间渗透到地下水的水量或者田间径流。

### 3. 消费者的水足迹

消费者水足迹指生产消费者消费的所有产品和服务所需的淡水消耗量和污染量。消费者群体的水足迹指该群体所有个体的消费者水足迹的总和。

### （1）计算

消费者水足迹等于该消费者直接水足迹和间接水足迹之和，即

$$WF_{cons}=WF_{cons, \ dir}+WF_{cons, \ indir} \tag{4-11}$$

直接水足迹指在家或是在花园中的淡水消耗量和污染量；间接水足迹指与消费者消费的商品和服务相关的淡水消耗量和污染量，也就是在生产如食物、衣服、纸张、能源和工业产品等消费产品中使用的水。间接用水等于消费所有产品的量乘以各自的过程水足迹，即

$$WF_{cons, \ indir}=\sum_{p}\left[ \ C \ (p) \ \times WF^{*}_{prod}(p) \ \right] \tag{4-12}$$

其中，$C$（$p$）为产品的消费量；$WF^{*}_{prod}$（$p$）为该产品的水足迹。

消费的$p$的总量一般来源于$x$个不同的地区。产品$p$的平均水足迹核算如下：

$$WF^{*}_{prod}(p)=\frac{\sum_{x}\left[ \ C \ (x, \ p) \ \times WF_{prod}(x, \ p) \ \right]}{\sum_{x}C \ (x, \ p)} \tag{4-13}$$

其中，$C$（$x, \ p$）为来自产地$x$的产品$p$的消费量；$WF_{prod}$（$x, \ p$）为来自产地$x$的产品$p$的水足迹。可根据研究的详细程度选择消费品产地追踪的精细程度。如果不能或是不想追踪消费品的产地，就只能使用全球或国家水平的消费品平均水足迹。然而，如果选择追踪消费品的原产地，就可以得到空间分布精度很高的产品水足迹。

最终私有商品和服务的水足迹将全部分配给相应的消费者。公共和公用的商品和服务的水足迹则应按照消费个体所占的份额进行分配。

## 第二节　黑河流域水足迹估算

水足迹和传统的取水指标在下面三个方面有所不同：水足迹不包括返回到取水所在流域的蓝水；水足迹不仅包括蓝水还包括绿水和灰水；水足迹不仅包括直接用水，也包括间接用水。水足迹不是用来衡量水消耗和水污染对环境影响程度的指标，而是作为水消耗和水污染的体积衡量指标。一定数量的水消耗和水污染对当地环境的影响决定本地水生态系统的脆弱性以及使用该水生态系统的消费者和生产者数量。水足迹

核算为人类各种经济活动对水资源的占用提供了比较明确的时空方面的信息。水足迹分析为研究水资源的可持续性和公平性提供了基础资料。

所有水足迹计算的基本构建是一个过程或活动的水足迹（Hoekstra等，2011）。水足迹产品是总体水足迹的各种流程步骤相关产品的生产。生产商或公司的水足迹等于生产者的产品或公司生产水足迹之和。水足迹的消费是各种消费者消费的水足迹产品之和。社区水足迹的消费者，例如一个国家的居民，等于社区的成员的水足迹之和。地理上划定的区域内的水足迹，例如一个国家或一个流域等于发生在该区域所有进程的水足迹之和。

同时，水足迹是一个多维度的指标。所有组分的水足迹由时空上指定。蓝色的水足迹是指人类消耗蓝色水资源（地表水和地下水）。"消费"是指在排水区可用地表水体损失的水。损失发生于水蒸发，返回到另一个排水区或大海或进入一个产品。绿色水足迹是指人类利用的地表蒸发流，主要用于作物和森林的生长。灰色的水足迹是指吸收污水所需水量。

下面，对水足迹概念做个总结。首先，介绍了供应链在水资源管理领域的应用。在环境科学领域，从供应链的角度思考和"嵌入式"资源在最终商品是很常见的，在水资源管理领域这是完全未知的。其次，传统的水工程师关注地面，地表水资源的开发（蓝水）似乎是不够的。雨水（绿色水）在农业生产中起着主要的作用，如果我们看一下绿色和蓝色的用水量，一个好的农业用水量的图像就能获得。此外，用水量不是唯一的淡水度量方式；水污染是另一种占有的形式。从流域的角度来看，更有意义的是去衡量蓝水消费，这是有效的。

直到最近，所有的水资源统计数据只显示蓝水取水量。不过，水足迹的统计不简单。在几个方面水足迹不同于古典的"取水量"。最重要的可能是水足迹是淡水使用的一个指示器，看起来不仅包括消耗直接用水，而且包括间接用水。此外，水足迹包括三个组成部分，它不仅显示蓝色用水量（蓝色的水足迹），而且还显示雨水消耗（绿色水足迹）和污染（灰水足迹）。最后，只要这水回到它开始的地方，蓝色的水足迹不包括蓝色用水。水足迹从而提供一个如何看消费者或生产者更好地和更广泛地对淡水系统的使用的角度。用体积去测量水的消耗和污染，水足迹时空分析为人类水利用提供明确信息，为水资源可持续利用和公平分配提供依据，也为当地环境、社会和经济协调发展奠定良好的基础。

水足迹核算阶段主要指数据的收集和计算。计算的范围和尺度依赖于先前阶段的决定。核算之后再从环境、社会和经济的角度进行可持续性评价。最后是制定相应方案、战略和政策。在具体研究中，有些过程可以省略。在第一阶段确立了研究目标和范围之后，可进行水足迹计算，也可以在结束可持续评价后再讨论响应方案。

水足迹评价最重要的是确定研究所需要的详细程度。如果仅为了提高认识，评价国家或全球水平的产品平均水足迹就可以满足研究的要求。2007 年，Hoekstra（2007）在进一步完善水足迹理论和方法的基础上对全球每个国家的水足迹（1997—2001 年）进行了再次核算。研究表明水足迹的大小主要取决于消费量、消费模式、气候条件和农业生产方式四个因素。Chapagain（2008）对 1997—2001 年间国际贸易中的 285 种农产品和 123 种牲畜产品的虚拟水流量进行了计算，并对工业产品的平均虚拟水量进行了粗略估算。如果为了确定研究热点地区，就需要在研究区内详尽搜集所需要的资料，再进行仔细的计算和评价，从而能够判断清楚水足迹对当地环境、社会和经济产生很大影响的时间和地点。Hoekstra 和 Chapagain（2007）和 Van Oel 等人（2009）分别核算了荷兰 1997—2001 年和 1996—2005 年间的水足迹状况。结果表明，荷兰是个水资源高度依赖进口的国家，其消费者外部水足迹的影响在水资源严重短缺国家中是最高的。Liu（2008）分析了中国食品消费模式对水资源需求的影响关系，研究指出，随着生活水平的提高，肉类蛋奶等消费量的增加，食品消费中所需的水资源量不断增长，中国不仅需要增加绿水管理，而且也需要增加虚拟水进口来满足不断增长的食品用水量。Hubacek（2009）在分析改革开放后中国城市化、生活方式改变以及其他重要社会经济发展趋势的基础上，使用投入产出模型计算了 2002 年中国的生态足迹和水足迹。若为了规划和建立减少水足迹量的目标和政策，就需要更为详细的资料。高精度时空分布的水足迹核算适于为特定地区制定水足迹减量策略。然而受数据源和计算精度的约束，目前小尺度上的水足迹研究文献报道少。

一个国家或地区的水足迹等于生产该国家或地区居民消费的产品或服务所直接或间接利用的水的总量。一般可以通过两种方法进行计算：一种是自上而下的方法，在经济全球化浪潮中，由于贸易的存在，一个国家或者地区所消费的商品并不都是由该国家或地区所生产，可能有很大一部分是从外部购买的，本地区的产品也有可能销往外部地区。在这种情况下，水足迹就等于总的区域内水资源利用量加上流入该区域的虚拟水流量，再减去流出该区域的虚拟水流量。一个国家或地区的水足迹可以表示为：

$$WF = WU - VWE + VWI \qquad (4\text{-}14)$$

式中：$WF$ 为一个国家或地区的水足迹；$WU$ 为国内产品生产的总用水量，包括绿水和蓝水；$VWE$ 为产品虚拟水出口量；$VWI$ 为产品虚拟水进口量。

另一种方法是采用自下而上的方法。它将该地区居民所消费的商品与服务数量与各自产品和服务的单位产品虚拟水含量相乘求和得到，这里需要注意的是商品的虚拟水含量会随地域和生产条件而变化。用公式表示为：

$$WF = DU + \sum_{1}^{n} P_i \times VWC_i \tag{4-15}$$

式中：$DU$ 为生活用水量；$P_i$ 为第 $i$ 种产品消费量；$VWC_i$ 为第 $i$ 种产品的单位虚拟水含量。

两种方法各有特色，第一种方法，可以将水足迹进一步分解成内部水足迹和外部水足迹，分析本区域居民对外部水资源的依赖程度。但是需要有较详细的进入和流出研究区域的产品数据记录，而我国当前地区与地区之间的贸易数据不易获得，因此该方法在国家内地区尺度上使用受到限制。而第二种方法相对简单，所需的消费量资料可以从统计年鉴和消费调查中获得，但存在数据不全的缺陷。作为初步研究，本研究采用自下而上的方法。

在人类消费的水足迹中，实际生活用水通常是很小的，大部分的消耗都是以虚拟水的形式表现出来的，因此虚拟水消费量是水足迹最主要的组成部分。计算单位产品的虚拟水含量是衡量水足迹的关键。从当前的研究看，由于工业产品种类繁多，计算其虚拟水含量非常复杂，而且在生产中用水量不多，所以常常被忽略。农业是最大的用水大户，其用水量占全球总用水量的 80% 以上，因此农产品携带着大量的虚拟水，是目前虚拟水计算的最主要部分。单位农作物产品的虚拟水含量由统计的产量数据除以作物生育期需水量获得，作物生育期需水量则是根据标准彭曼公式和当地的气象资料计算得到。加工产品和动物产品的虚拟水含量可根据产品生产树状结构的方法获得，具体计算方法可参考文献（Chapagain，2003；龙爱华，2003；王新华，2004；Hoekstra，2003）。

由于各地区大小不同，人口相差悬殊，计算总的水足迹不便比较，所以本项目计算的是人均水足迹。水足迹主要从两个方面衡量：（1）居民消费的主要产品虚拟水含量；（2）居民生活实体水消耗量。计算数据来源包括：（1）联合国粮农组织的 CLI-MATE 数据库中有关中国部分的数据以及 CROPWAT 需水量计算软件；（2）国际虚拟水研究成果中的中国动物产品虚拟水含量计算成果；（3）2005 年、2011 年黑河流域居民家庭消费调查数据，2005 年、2011 年张掖、酒泉、嘉峪关和阿拉善统计年鉴。

# 第五章　研究区概况和社会调查

## 第一节　黑河流域环境与经济发展概况

黑河流域位于河西走廊中部，大致介于 8°～101°30′E，38°～42°N 之间，它发源
于南部祁连山区，注入东居延海（索果淖尔），为西北第二大内陆河流域。黑河流域
战略地位十分重要，但由于干旱缺水，生态环境十分脆弱。长期以来，由于人口增长
和经济发展，对水土资源的过度开发，导致流域内水资源供需矛盾突出，尤其是下游
地区生态环境日趋恶化，东、西居延海干涸，额济纳天然绿洲濒临消失，沙尘暴灾害
加剧等。造成黑河流域生态问题的原因是多方面的，但根本原因是水资源问题，特别
是中游地区农田灌溉事业的发展，水土资源的过度开发导致了黑河中游耗水量的急剧
增加，农业灌溉用水大量挤占了生态用水。黑河流域生态环境所面临的突出问题，代
表着我国西北内陆河的现状和发展趋势，在我国走可持续发展道路的今天，面对严峻
的局面，实施黑河水资源可持续利用和生态环境保护，无疑是历史的必然选择。

### 一、流域概况

黑河是发源于祁连山的内陆主要水系之一，是仅次于塔里木河的中国第二大内陆
河，地处河西走廊的中部。黑河从发源地到尾闾的居延海全长 821 km，流域面积
$1.43×105$ km²。黑河流域由 35 条河流组成，随着中游用水量的不断增加，部分支流逐
步与干流失去地表水力联系，形成东、中、西 3 个独立的子水系。东部子水系即黑河
干流水系，包括黑河干流、梨园河及 20 多条沿山小支流，面积 $1.16×105$ km²。黑河地
域上横跨青海、甘肃、内蒙古 3 省（自治区），以莺落峡和正义峡为上、中、下游分
界点。祁连山出山口莺落峡以上为上游，河道长 303 km，流域面积 $1.00 ×104$ km²，山
高谷深，河床陡峻，气候阴湿，植被较好，年降水量在 350 mm 以上，是黑河的产流
区和水量来源区。莺落峡至正义峡区间为中游，河道长 185 km，面积 $2.56 ×104$ km²，

地势平坦，多年平均降水量140 mm，蒸发能力1410 mm，土地广阔，光热资源丰富，农业发达，是黑河流域的主要耗水区和径流利用区。正义峡以下为下游，黑河流经正义峡后，经鼎新灌区进入内蒙古，称为额济纳河，在下游河道长333 km，面积 $8.04 \times 10^4$ km²，除河流两岸和居延三角洲绿洲外，大部分为荒漠、沙漠和戈壁，年降水量只有40 mm，而蒸发能力在2500 mm以上，气候干燥，多风沙，是我国北方沙尘暴的发源地之一，属极度干旱区，为径流消失区。流域地势南高北低，地形复杂，高差大，海拔在900至4500 m之间，以山地和高原为主，区域差异明显，流域内山脉、绿洲、沙漠、戈壁相间，按海拔高度和自然地理特点分为南部祁连山，中部河西走廊绿洲平原，北部阿拉善高原3个地貌单元。图5-1为黑河流域概况图。

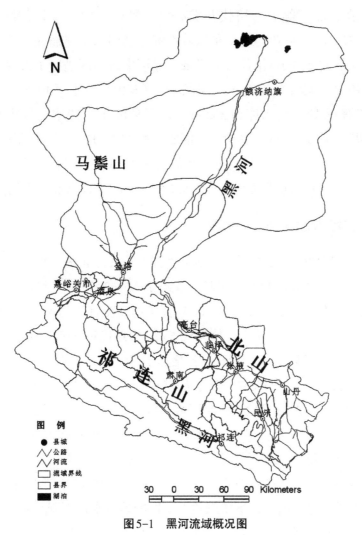

图5-1 黑河流域概况图

上游地区包括青海省祁连县大部分和甘肃省肃南县部分地区，以牧业为主；中游地区包括甘肃省的山丹、民乐、张掖、临泽、高台等县（市），属灌溉农业经济区；下游地区包括甘肃省金塔县部分地区和内蒙古自治区额济纳旗，其中金塔县鼎新片为灌溉农业经济区，额济纳旗以荒漠牧业为主，还有国家重要的国防科研基地东风场区。

## 二、水资源开发利用现状

黑河流域开发历史悠久，引黑灌溉已有2000多年历史。自汉代进入了农业开发和农牧交错发展时期，汉、唐、西夏年间移民屯田，唐代在张掖南部修建了盈科、大满、小满、大官、加官等渠，清代开发高台、民乐、山丹等地的灌区（高前兆，1988）。流域内农田灌溉事业的发展是流域水资源利用的主要途径。中华人民共和国成立以来，尤其是20世纪60年代中期以来，黑河中游地区进行了大规模的农田水利工程建设，至1999年流域内有中小型水库58座（其中平原水库40座），总库容$2.55 \times 10^8$ m³。引水工程66处，引水能力268 m³/s，配套机井3770眼，年提水量$3.02 \times 10^8$ m³；总灌溉面积$2.61 \times 10^5$ hm²，其中农田灌溉面积$2.04 \times 10^5$ hm²，林草灌溉面积$5.71 \times 10^4$ hm²，667 hm²以上灌区有24处，灌区灌溉面积为$2.00 \times 10^5$ hm²。水资源开发利用为流域社会、经济发展和国防建设做出了重大贡献（中华人民共和国水利部，2001）。

## 三、水资源开发对流域生态环境的影响

1.黑河下游断流加剧，湖泊干涸，地下水位下降（任建华，2005）

对进入黑河下游水量控制站正义峡水文站1957—2000年实测资料的统计，20世纪50年代后期年均断流日数为37.5 d，60年代年均断流日数为43.4 d，70年代年均断流日数为66.4 d，80年代年均断流日数为50.6 d，90年代年均断流日数为89.9 d。90年代最为突出，比60年代以前年均断流日数增加了50 d左右。在断流日数增加的同时，断流的年内分配也发生了变化，70年代以前黑河下游断流主要集中在5—9月份，其中5—6月份最为突出，断流日数占全年断流日数的70％以上。4月份平均断流日数由70年代的1.1 d增加到90年代的8.7 d。10—11月份在80年开始出现1次断流后，进入90年代中期几乎从每年的10 d延长至现在的近20 d，两大湖泊（东、西居延海）水面面积50年代分别为267 km²和35 km²，已先后于1961年和1992年干涸。60年代以来，有多处泉眼和沼泽地先后消失，下游三角洲下段的地下水位下降，水质矿化度明显提高，水生态系统严重恶化。

2. 天然水域减少，水库塘坝增加，人工绿洲扩大

黑河水系开发利用前，在泉水出露带以下，多积水为湖，有的成为沼泽地。河流尾闾存在着大面积的终端湖。例如，张掖市以北的临泽小屯泉群区，酒泉城以下的天然沼泽，下游额旗东部的古居延曾名盛一时，而现在弱水的终端湖东西居延海已干涸或变为季节湖。根据推算，历史上天然水面积仅黑河干流就可高达 1000 km²，可是现在天然水面积不足 20 km²。而相反，目前黑河流域水库、塘坝水面积在 70 km² 以上，超过了现存天然水面积，天然水域减少。一方面反映了人为活动开发水资源的强度；另一方面也改变了流域内不同区域的生态环境条件。有利方面是大部分水资源为人工绿洲服务；不利的是下游的干旱环境更趋于干旱，引起绿洲外围气候、生态环境的极端化（高前兆，1988）。

3. 内陆终端湖退缩，水系分离，改变了天然绿洲植被与水分的关系

随着上游河道的改造，大量河水被截引入人工渠道，一些中小河流的水量基本上消耗于冲积扇前缘的绿洲，原先的河道干涸消失。流域西部讨赖河、洪水坝河汇入北大河，经金塔盆地进入黑河干流的老河道。自金塔盆地以下河流已干涸消亡，原河道成了排水积盐的场所；山丹河自祁家店以下的老河道已干枯，成了临时性洪水集流道。仅仅在黑河干流附近，有小股泉水流于河床，摆浪河以西至江山河发源于走廊南山北坡的诸小河流，因出山径流大部分在山前被利用，仅以地下的径流汇于东、西明海子和盐池一带，而与流域水系东部黑河干流和西部北大河失去水力联系。由于这些水系的变化，使黑河流域完整的水系支离破碎，逐渐形成了新的水、土和植被平衡区。原河道两岸或河流积水洼地靠河水滋润生长的植被正在逐步衰退。

4. 中游水利工程修建，灌溉面积扩大，改变了中下游水量分配关系

目前，流域内社会经济的发展，主要是以扩大农业灌溉面积，增引河川径流量，消耗水土资源来实现的。这种粗放型农业发展模式，一方面浪费水资源的现象十分严重，没有将水作为一种稀缺的、有限的资源加以保护和合理利用；另一方面生态用水被挤占，下游生态环境恶化，劣变趋势加剧。据历史记载，黑河中游地区汉代仅有 8 万～9 万人，灌溉面积约为 7 万亩（含林草灌溉面积）；1949 年总人口约 55 万人，灌溉面积 103 万亩；现状总人口 121 万人，灌溉面积 334 万亩；现状总人口和灌溉面积分别相当于 1949 年的 2.2 倍和 3.2 倍，现状人均灌溉面积相当于 1949 年的 1.5 倍，也大大高于现状全国水平。由于统筹考虑水资源条件不够，60 年代末以来，在以粮为纲的思想指导下，大规模垦荒种粮，发展商品粮基地，特别是 20 世纪 90 年代以后，甘肃省提出"兴西济中"发展战略，并向黑河中游地区酒泉移民，灌溉面积发展很快。目前中

游地区年产粮食99万吨，农业灌溉占用了大量水资源，挤占了生态用水。下游内蒙古额济纳旗，现状总人口1.62万人，相当于1949年0.23万人的7倍。随着人口的增加和灌溉面积的增加，全流域用水量已由1949年的约15亿m³，增长到目前的26.2亿m³，其中中游地区用水量增加到24.5亿m³。而进入下游的水量则从50年代的11.6亿m³减少到90年代的7.7亿m³。同时，由于下游甘肃省金塔县鼎新灌区用水增加，国防科研基地用水等因素影响，加之河道损失了大量的水量，实际进入额济纳旗的水量只有3亿～5亿m³。（黑河网，2007）

黑河干流莺落峡至正义峡区间基本无区间径流加入，主要原因是中游用水量的不断增加，支流来水量较少的限制和支流中上游水利工程蓄水。支流已逐步失去了与干流的直接水力联系，成为独立的水系，除汛期有少量不能利用的洪水之外，实际加入黑河干流的水量很少。因此，莺落峡、正义峡两个控制水文站之间的水量差基本反映了干流中游地区耗水规模的变化（任建华，2002）。

**四、黑河流域上中下游社会经济差异现状**

黑河流域作为干旱区一种带状区域，由于其跨度大、水量少，沿途穿越山地、绿洲、荒漠等各种不同类型的干旱自然人文景观，导致流域上中下游地区在水资源、用水量、人口与经济总量分布等方面存在着很大的差异性，见表5-1（方创琳，2002）。流域上中下游分化的结果不利于区域整体的发展，不利于区域内社会的稳定，也不利于区域内产业结构的升级、转型和更新换代。

表5-1　黑河流域水资源与人口、经济、社会空间分布表

| 流域区段 | 人口 | 水资源总量 | 多年平均需水量 | 国内生产总值 | 经济发展水平 | 社会发展水平 |
|---|---|---|---|---|---|---|
| 上游 | 1.80 | 47.85 | 1.87 | 2.26 | 1.0203 | 0.1527 |
| 中游 | 97.30 | 31.90 | 67.30 | 96.49 | 0.9719 | 0.1954 |
| 下游 | 0.84 | 20.25 | 31.04 | 1.25 | 0.8551 | 0.1103 |
| 小计 | 100.0 | 100.0 | 100.0 | 100.0 | 0.9718 | 0.1939 |

注：经济发展水平与社会发展水平是在上游、中游和下游分别选取肃南县、张掖市和金塔县计算的结果。

1. 水资源使用状况

水资源量：上游大于中游，中游又大于下游；用水量：中游大于上游和下游。

由表5-1可知，黑河上游地区的水资源总量最大，占全流域的比重高达47.85%，

下游地区水资源总量最少，仅占全流域水资源总量的20.25%。表明水资源总量呈现出从流域上中下游逐步减少的变化规律。流域上游地区的水资源总量虽然最大，但用水量最低，平均仅占全流域用水量的1.87%，而中游地区是总用水量最大区域，所占比重高达67.09%。因此，从上游到中游，再到下游，用水量呈现出先增大到中游后逐步减少的规律。

2. 经济发展状况

经济发展总量：中游大于上游和下游；经济发展水平：上游大于中游，中游大于下游。

从GDP的差异状况分析，经济发展总量主要集中在黑河中游地区，GDP比重高达96.49%，呈现出中游>上游、下游的分布规律。但从流域经济发展水平来看，黑河流域的经济发展水平呈现出上游>中游>下游的变化趋势，具体表现为：黑河上游地区的经济发展水平指数为1.0203（肃南县），是中游地区经济发展水平指数的1.05倍（张掖市），是下游地区经济发展水平指数的1.19倍（金塔县）。

3. 人口社会发展状况

人口总量：中游大于上游和下游；社会发展水平：中游大于上游和下游。

从总人口的差异状况分析，黑河流域上、中、下游总人口比重分别为1.80%、97.30%和0.84%，约有3/4以上的人口集中分布在流域地势相对平坦、生存条件相对较好的中游地区。从社会发展水平分析，黑河中游地区的社会发展水平为0.1954，是上游地区的1.28倍，是下游地区的1.77倍，说明中游地区在基础设施建设、科技教育发展等方面优于上、下游地区。

## 第二节　居民消费问卷设计

研究黑河流域环境差异性，如果仅靠现有的统计数据，是无法很好地完成黑河流域居民家庭生活水资源消费的研究工作的，因为一般的统计年鉴都是以县、区、旗为统计单位，乡、镇一级的数据大多为估算或是空缺。在这种情况下，我们决定在黑河流域进行一次大规模的居民家庭生活消费社会调查。

由于城市与农村居民日常生活消费具有差异性，为便于调查，我们将问卷分为城市居民和农村居民家庭生活消费两种类型，其中农村问卷以乡（镇）为单位。我们设计的调查问卷（见附录）分为封面、给被调查者的信、填表说明、问题及选项和封底等5个部分。问卷的主体部分是问题及选项。

## 一、问卷数量和调查方式

黑河流域居民家庭生活消费调查是在2005年8—9月进行的。调查采用面对面采访的方式，调查范围是整个黑河流域（除祁连县）10个县（区、旗）。调查前，按照相关数据计算问卷规模，若按照1000人/问卷的比例就能达到置信度和误差方面的统计要求，但在实际设计中按照900人/问卷的比例来设计调查规模（除肃南县和额济纳旗之外）。在实地调查中，受一些客观条件影响，完成情况与预先设计略有差别，但基本维持了850～950人/问卷的比例。肃南县和额济纳旗地广人稀，如果也按照900人/问卷的比例来完成问卷，则这两个县（旗）的问卷数量会非常少，很难进行统计和计算，因此调整了这两个县（旗）的人口/问卷比例。对调查数据进行检验，用这样规模的样本容量来推断10个县（区、旗）的情况，可在保证置信度95%的情况下，使样本的抽样极限误差缩小到±5.0%。

调查过程中总共发放问卷2404份，收回有效问卷2339份。有效问卷占发放问卷总量的97.3%。农村问卷调查采取把被调查农户集中起来，先讲解后填写，当场回收问卷的方式。城市问卷的调查没有采取集中填写的方式，而是根据情况选用多种方式完成问卷。例如公园、商场、市场等流动人口较多的地方设置桌椅组织居民当场填写问卷，随机选取居民小区入户发放然后回收问卷，联系不同企业或事业单位组织当场填写问卷等方式。填写问卷的被调查者必须是年满18周岁的成年人，而且每户只允许一位家庭成员来填写问卷，每人只能填写完成一份问卷。

2011年在黑河中游张掖做问卷调查时的照片

## 二、被调查者的统计情况

在填写问卷（指有效问卷）的2339人中，男性1256人，占总人数的53.70%；女性1083人，占总人数的46.30%。具体情况见表5-2。

被调查对象中汉族人口有2281人，占被调查者总数的97.52%；少数民族人口58人，占2.48%。被调查的少数民族有裕固族、蒙古族、藏族、满族和回族等。

表5-2　2004年被调查者性别比例

| 问卷类型 | 数量（份） | 男性（人） | 百分比（%） | 女性（人） | 百分比（%） |
|---|---|---|---|---|---|
| 城市问卷 | 684 | 361 | 51.87 | 323 | 48.13 |
| 农村问卷 | 1655 | 895 | 53.40 | 760 | 46.60 |
| 合计 | 2339 | 1256 | 53.70 | 1083 | 46.30 |

表5-3　2004年被调查者的年龄和受教育程度

| 年龄段（岁） | 人数（个） | 百分比（%） | 受教育程度 | 人数（个） | 百分比（%） |
|---|---|---|---|---|---|
| 18～20 | 50 | 2.14 | 小学 | 493 | 21.08 |
| 21～30 | 550 | 23.51 | 初中 | 975 | 41.68 |
| 31～40 | 990 | 42.33 | 高中或中专 | 472 | 20.18 |
| 41～50 | 434 | 18.55 | 大专 | 251 | 10.73 |
| 51～60 | 208 | 8.89 | 大学 | 125 | 5.34 |
| 大于61 | 107 | 4.58 | 高于大学 | 23 | 0.99 |

从表5-3中可以看出，被调查者的年龄分布比较均匀，各个年龄段的被调查者均有，其中21～50岁的青壮年人口居多，占到被调查者总数的84.40%。各种受教育程度的被调查者都有，相比较而言，被调查者的受教育程度主要集中在"初中"和"高中或中专"这两个层次上，占到被调查总量的61.86%。城市居民的受教育程度普遍高于农村居民，城市被调查者受教育程度主要集中在"高中或中专"和"大专"，占到城市被调查总量的57.46%；农村"大学及以上"受教育程度的被调查者只占0.97%。

被调查者的经济情况见表5-4。从表中可以看出各个收入阶段的被调查者都有，其中家庭收入在5000～10000元的被调查者占多数，占被调查者总数的59.17%。有18.86%城市居民家庭收入普遍高于农村家庭，城市家庭收入主要集中在10000以上，占城市家庭总数的85.24%；农村家庭收入主要在10000元以下，占农村家庭总数的75.89%。

表5-4  2004年被调查者的经济状况

| 家庭收入(元) | 城市家庭(个) | 百分比(%) | 农村家庭(个) | 百分比(%) | 家庭数(个) | 总百分比(%) |
|---|---|---|---|---|---|---|
| 小于5000 | 23 | 3.36 | 566 | 34.20 | 589 | 25.18 |
| 5001～10000 | 78 | 11.40 | 690 | 41.69 | 768 | 32.83 |
| 10001～20000 | 285 | 41.67 | 331 | 20.00 | 616 | 26.34 |
| 大于20001 | 298 | 43.57 | 68 | 4.11 | 366 | 15.65 |
| 总计 | 684 | 100 | 1655 | 100 | 2339 | 100 |

# 第六章　黑河流域环境影响评价

## 第一节　水资源消费评价

为了研究黑河流域环境差异性，需要对环境影响进行评价。在本研究中，用水足迹来度量黑河流域居民家庭水资源消费状况。

### 一、水足迹的概念

生产产品和服务通常都需要使用一定的水量，如生产1瓶白酒需要240 kg 水，生产1个鸡蛋需要消耗135 kg 水，而生产1 kg 羊肉、猪肉、鸡肉和牛奶分别需要耗水18000 kg、3650 kg、3918 kg、2210 kg（Allan，1993；徐中民，2003），这些在产品和服务生产过程中使用的水量称之为虚拟水（Allan，1994）。虚拟水以"看不见"的形式蕴藏在产品中，当人们消费这些产品的时候，实际上就是以虚拟水消费的形式使用了这些水资源（程国栋，2003）。虚拟水不是真正意义上的水，因为它包含在产品中以虚拟的形式体现出来，消费者从产品中看不见水的影子。因此虚拟水又叫"嵌入水"和"外来水"（Hoekstra，2003；Chapagain，2003）。虚拟水的计算同生态足迹的研究一样，是尝试采用账户的方式解释水资源在社会经济系统中的迁移转换（徐中民，2003；Zimmer，2003）。

水足迹的概念是由荷兰学者 Hoekstra 在2002年提出的。水足迹作为一种衡量用水的指标，它不仅包括消费者或者生产者的直接用水，同时也包括间接用水。水足迹被认为是水资源占用的综合评价指标。与传统的取水指标有较大的区别。某一种产品的水足迹指用于生产此种产品的整个生产供应链中的用水量总和。它反映了这种产品消耗的水量、水源类型以及污染量和污染类型等较多的层面。水足迹的组成清楚反映了水足迹所发生的时间和地点。水足迹包括蓝水足迹、绿水足迹和灰水足迹。其中，蓝水足迹指产品在它的供应链中对蓝水（地表水和地下水）资源的消耗。这里消耗指损失的流域内的可利用的地表水和地下水。当水蒸发、回流到流域外、汇入大海或者纳入产品中时，会有水的损失产生。绿水足迹是指对绿水（不会成为径流的雨水）资源的消耗。灰水足迹与污染有关，指以自然本底浓度和现有的环境水质标准为基准，将一定的污染物负荷吸收同化所需的淡水量（Hoekstra，2012）。

一定人群的生态足迹表征的是在一定物质生活标准下，生产该特定人群所利用的资源和吸收这些人群资源消费所产生的废弃物所需的生物生产性土地面积和水域面积（徐中民，2000）。生态足迹的概念表征了维持人类生存所需的真实的土地面积，而水足迹的概念指的是在一定的物质生活标准下，生产一定人群（一个个体、一个城市或一个国家）消费的产品和服务所需要的水资源数量，它表征的是维持人类产品和服务消费所需要的真实的水资源数量。由于本研究主要关注居民家庭消费的水资源量，没有对水足迹中的蓝水、绿水和灰水进行分类，因而也没有考虑灰水足迹的影响。

## 二、虚拟水计算方法

由于农业用水占全球淡水总量的80%左右，因此农产品的虚拟水含量是虚拟水计算的最主要部分。虚拟水的计算主要包括：农作物虚拟水含量计算，动物产品虚拟水含量计算。

1.基于虚拟水计算过程的农产品分类

根据Zimmer和Renault的研究，农产品虚拟水含量具体的计算过程根据不同的产品分类而有所差异。Zimmer和Renault将农产品类型分为初级产品、加工产品、转化产品、副产品、多重产品及低耗水或不耗水产品6种主要类型（Zimmer，2003）。

（1）初级产品

初级产品是指直接从作物身上提取的产品，包括谷物、蔬菜、水果等。生产这类产品需要的水资源主要取决于农作物的类型、生长区域的自然地理条件、使用的灌溉系统及其管理方式等。首先，利用考虑气候影响因素计算的参考作物需水量乘以作物系数进行调整，得到单位面积作物需水量，然后通过单位面积作物需水量除单位面积作物产量得到单位质量初级产品的虚拟水含量。参照作物需水量采用联合国粮农组织（FAO）推荐的标准彭曼公式进行计算。FAO开发提供的计算软件为应用彭曼公式计算作物需水提供了大大的方便，将各地区气象站的气象资料输入到计算流程，根据各地区的实际情况，修改软件默认的计算因素的初值、作物类型和种植时间，就可以计算出各种作物的需水；作物系数由FAO建立的大型统计分析数据库提供。

（2）加工产品

加工产品的虚拟水含量取决于加工过程中初级产品的投入比例，通常按照初级产品投入重量比例加权得到，同时考虑加工转化效率。如果涉及与其他农作物产品一起加工处理时，就需要采用价值构成比例和产品重量比例因子来进行虚拟水含量分配计算。如生产1 kg菜籽油通常需要2～3kg的油菜籽，从而1kg菜籽油的虚拟水含量是1 kg油菜籽的2～3倍。

（3）转化产品

转化产品主要指动物产品，因为动物的生长过程中要利用原始的初级产品（如羊要吃草）。见动物产品的虚拟水计算。

（4）副产品

农产品的副产品是指该类农产品的提供主要是为了其他目的而不是它们的本身价值。如棉花的生产主要是为了提供纤维，但棉花种子可用来炼油，棉花种子炼油就属于副产品这一类型。主要有三种计算方法：①按提供的所有副产品重量比例来分配虚拟水价值，如1 kg棉花可以提供0.625 kg的纤维和0.375 kg的种子，虚拟水的价值就按照它们的重量比例分配。②按提供副产品的价值量比例进行分配。这种方法在应用上经常被优先考虑，但是应该注意的是这种方法本身存在缺陷。由于经济价值是随时空变化的，而且副产品的经济价值本身比较低，但是通常又不能为其他的产品所替代。③按营养均衡规律来进行分配。

（5）多重产品

有些农产品的种植本身就有多重目的，如海南的椰树，树本身提供的木材可以用来建房，果实可以用于制糖，还可以用于做椰汁，当然还有这里没有考虑的环境价值。因此像椰树这类产品水的消费应该分成许多部分，而没有哪一部分是占优的。动物产品通常具有多重产品的属性，如羊的喂养，不仅仅提供肉，还可以提供毛皮等。

（6）低耗水（非耗水）产品

这类产品主要指鱼类，海水鱼由于不消耗淡水，因此可以认为不需要水资源；淡水鱼消耗少量的淡水，主要指鱼直接消耗的水和鱼类作为食物消费的初级植物产品的虚拟水。在动物产品的分类计算中我们也可以发现这种类型，有些动物是用作物和家庭生活的残余物喂养的，如我国大约有80%的猪肉生产是这种类型。这种类型的产品，它的实体水消费相当低或几乎没有，估计这种类型产品的水消费相当困难。通常是采用营养物等值的原则来确定虚拟水的含量。

2.作物产品虚拟水计算的公式表达

每种作物单位产量的需水可根据每种作物需水和作物产量的数据计算。

$$SWD\left[n,c\right]=\frac{CWR\left[n,c\right]}{CY\left[n,c\right]}\qquad(6-1)$$

$SWD\left[n,c\right]$ 代表区域 $n$ 作物 $c$ 单位重量的水需求（m³/ton），$CWR\left[n,c\right]$ 指区域 $n$ 作物 $c$ 的需水，$CY\left[n,c\right]$ 是区域 $n$ 作物 $c$ 的产量。

作物需水采用联合国粮农组织推荐的标准彭曼公式计算，作物需水指作物在生长发育期间蒸发蒸腾所消耗的水资源量。考虑到面上计算土壤水分压迫的难度，没有进一步考虑水分压迫的调整系数。作物的需水仅考虑作物系数的调整：

$$ET_c=K_c\times ET_0\qquad(6-2)$$

$ET_0$ 是参考作物的需水，通常参考适当的气象资料（气温、水汽压、日照时数和风速资料）按照彭曼公式就可以计算，主要是考虑了气象因素对作物需水的影响。$K_c$ 是作物系数，是区分作物下垫面与参考作物下垫面之间的差异而引入的一个系数，通常反映了实际的与参考作物表面植被覆盖和空气动力学阻力的差异，能反映与参考作物类型间作物生理和物理特征的差异。通常有4个区别于参考作物（草）的作物特征的综合反映指标（作物高度，土壤表面反射率，覆盖层阻力和土壤蒸发）。

参考作物的需水是指一个假想的作物参考面（作物高度 12 cm，一个固定的表面阻力系数 70 s/m，反射率为 0.23，作物类型是草，全覆盖而且有充足的水），各种各样气候条件的影响融合在参考作物需水的影响中，而忽略了作物类型、作物发育和管理措施等对作物需水的影响。根据联合国粮农组织的推荐可采用修正的标准彭曼公式计算 $ET_0$。

$$ET_0=\frac{0.408\Delta\left(R_n-G\right)+\gamma\dfrac{900}{T+273}\left(e_a-e_d\right)}{\Delta+\gamma\left(1+0.34U_2\right)}\qquad(6-3)$$

$ET_0$ 是参考作物的蒸发蒸腾（mm/day）。$\Delta$ 是饱和水汽压与温度相关曲线的斜率（kPa°C⁻¹），$R_n$ 是作物表面的净辐射（MJm⁻²day⁻¹），$G$ 是土壤热通量（MJm⁻²day⁻¹），$T$ 是平均空气温度（℃），$U_2$ 是两米高的风速（ms⁻¹），$e_a$ 是饱和水汽压（kPa），$e_d$ 是实测水气压（kPa），$e_a-e_d$ 是饱和水汽压与实际水汽压的差额（kPa），$\gamma$ 为湿度计常数。计算单位产量作物的需水流程如图6-1。

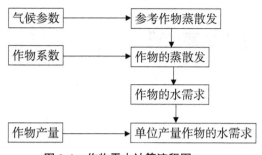

**图6-1 作物需水计算流程图**

**3.动物产品虚拟水含量计算方法**

动物产品虚拟水含量计算十分复杂,影响动物虚拟水含量的因素包括动物类型、动物饲养结构(饲养方式)和动物生长的自然地理环境等。动物产品虚拟水计算主要包括活动物虚拟水含量和动物产品的虚拟水含量。活动物虚拟水含量是指动物从出生到死亡的整个生命周期内所消耗的总水量,包括饲料所含的虚拟水、饮用水、动物饲舍清洁用水等。饲料消费中的虚拟水包括饲料作物中所包含的虚拟水和混合饲料作物所需的实体水两部分内容。饲料作物中不同成分作物的虚拟水含量采用前面介绍的方法计算,然后按照在饲料作物中的重量比例加权就得到饲料作物虚拟水的含量。动物的饮用水需要计算动物整个生存期间的饮用水。动物产品的虚拟水含量需要将活动物的虚拟水含量在动物产品间进行分配。

动物产品的虚拟水计算过程和步骤如图6-2。

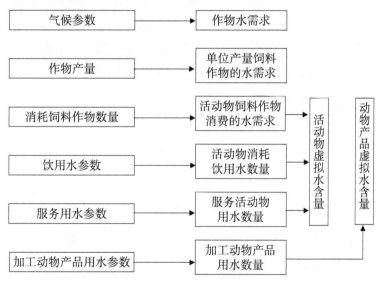

**图6-2 动物产品虚拟水计算流程图**

## 第二节　黑河流域水足迹计算

### 一、虚拟水计算

通过计算黑河流域居民家庭虚拟水消费量，为度量黑河流域水资源消费差异提供数据基础。消费者水足迹指消费者消费的所有产品的水足迹总和。本研究将家庭居民消费分为食物和商品两种类型，以食物消费为主。本研究中的农作物产品虚拟水含量的计算都是以消费地的角度计算的，也就是作物消费地生产该产品实际用水量和产量比值，动物产品的虚拟水含量直接采用文献（Chapagain，2004）。

1. 作物虚拟水计算

初级产品虚拟水含量需要计算单位初级产品生产的需水。单位产品生产包含的虚拟水数量 $SWD[n, c]$ 主要与单位面积作物的需水 $CWR[n, c]$ 和单位面积产量 $CY[n, c]$ 有关，其计算方法在前面已经进行了详细的介绍。$CY[n, c]$ 数据的取得包括各种统计数据，这里着重描述 $CWR[n, c]$ 的计算过程。

（1）单一作物需水

作物需水指作物在生长发育期间蒸发蒸腾所消耗的水资源量，单一作物的需水计算采用联合国粮农组织推荐的标准彭曼公式计算。通常作物需水的影响因素主要包括气象因素（包括降水、气温、水汽压、日照时数和风速）、作物类型（植物生理等）、土壤条件、种植时间等。对不同的地区而言，同一作物的需水不同；即使对同一地区，各种作物的需水也会有较大的差异。考虑到面上计算土壤水分压迫的难度，没有进一步考虑水分压迫的调整系数，作物的需水仅考虑作物系数的调整。同时由于气象资料和相关统计数据的稀缺，对区域总的虚拟水数量进行计算时采用的是作物需水量乘以作物种植面积比例的加权计算方法，来得到区域内单位产品生产的平均需水量。

计算公式为：

$$\overline{CWR}_i = \sum_{j=1}^{N} \alpha_{ij} CWR_{ij} \qquad (6-4)$$

其中，$\overline{CWR}_i$ 是第 $i$ 种作物的平均需水量，$CWR_{ij}$ 是地区 $j$ 第 $i$ 种作物的需水，$\alpha_{ij}$ 是地区 $j$ 第 $i$ 种作物的面积比例。

计算主要依据张掖气象站的观测资料和土壤条件进行。FAO 开发提供的计算软件为应用彭曼公式计算作物需水提供了大大的方便，将张掖地区气象站的气象资料（表

6-1）输入计算流程，根据各地区的实际情况，修改软件默认的计算因素的初值、作物类型和种植时间，就可以计算出各种作物的需水；作物系数由FAO建立的大型统计分析数据库提供。表6-2列出了10种主要作物的计算结果。

表6-1　2004年张掖地区气象数据

| 月份 | 月平均气温（℃） | 月平均最高气温（℃） | 月平均最低气温（℃） | 月平均相对湿度（%） | 月平均风速（m/s） | 湿度（%） | 日照时数（h） |
|---|---|---|---|---|---|---|---|
| 1 | −10.3 | −5.5 | −18.1 | 62 | 0.9 | 62 | 7.4 |
| 2 | −2.2 | 5.5 | −11.8 | 42 | 1.2 | 42 | 8.2 |
| 3 | 4.8 | 11.8 | −5.5 | 32 | 1.7 | 32 | 9.4 |
| 4 | 14.7 | 26 | 4.8 | 25 | 1.6 | 25 | 9.7 |
| 5 | 18.5 | 25.7 | 7 | 33 | 1.5 | 33 | 10.3 |
| 6 | 23.1 | 29.3 | 14.2 | 36 | 1.4 | 36 | 8.8 |
| 7 | 25.4 | 28.3 | 17.9 | 40 | 1.3 | 40 | 10.8 |
| 8 | 22.4 | 29.2 | 16.7 | 50 | 1.3 | 50 | 10.1 |
| 9 | 17.8 | 24.7 | 5.7 | 38 | 0.9 | 38 | 8.1 |
| 10 | 8 | 14.6 | 1.8 | 32 | 0.9 | 32 | 7.7 |
| 11 | −0.2 | 7.5 | −12.7 | 45 | 0.6 | 45 | 8 |
| 12 | −6.3 | −0.3 | −19.7 | 51 | 0.8 | 51 | 6.9 |

表6-2　10种作物需水计算结果（单位：mm）

| | 小麦 | 玉米 | 豆类 | 土豆 | 油菜籽 | 棉花 | 甜菜 | 烟叶 | 蔬菜 | 葡萄 |
|---|---|---|---|---|---|---|---|---|---|---|
| 需水量 | 354.65 | 442.36 | 362.78 | 462.29 | 376.25 | 613.74 | 554.3 | 385.95 | 330.95 | 408.63 |

同时按照我国的统计规范、张掖地区粮食生产和统计实际，单位粮食生产的需水根据不同作物的消费比重分别给予权重，小麦：0.5，玉米：0.3，土豆：0.15，豆类0.05。由此计算得到粮食作物的需水为387.56mm。

（2）单位农产品虚拟水计算

在获得了单一作物生产需水后，单位产品所包含的虚拟水就可以通过单位面积产量求解获得，表6-3是黑河流域不同作物的单位产品虚拟水含量。

表6-3 黑河流域不同作物初级产品产量与单位初级产品虚拟水含量

（单位：kg/ha；m³/kg）

| | 粮食 | 植物油 | 棉花 | 甜菜 | 水果 | 烟叶 | 蔬菜 | 豆类 |
|---|---|---|---|---|---|---|---|---|
| 平均产量 | 7075.899 | 2789.42 | 1819.58 | 49208.61 | 3740.38 | 1810.18 | 46982.25 | 4272.27 |
| SWD | 0.55 | 1.35 | 3.37 | 0.11 | 1.10 | 2.13 | 0.09 | 0.85 |

注：由于缺乏各种水果生产类型需水计算的数据，表中单位水果生产的需水采用葡萄生产的需水数据。

初级产品经过一定的加工处理成加工产品，必然有一定的损耗。相关的统计数据中一般只记录加工产品的产量。如在粮食消费记录中，城市居民消费的是加工后的净粮食，显然每斤净粮食所包含的虚拟水与原粮是不同的。据二次产品的分解和计算公式，运用原粮加工成净粮食的出产率，就可以求得单位净粮食所含的虚拟水量，实质上这一过程就是确定加工效率的过程。根据推算，确定黑河流域每种产品加工的效率见表6-4。

表6-4 不同初级产品加工的净产品出产率

| | 粮食 | 植物油 | 棉花 | 甜菜 | 水果 | 烟叶 | 蔬菜 | 豆类 |
|---|---|---|---|---|---|---|---|---|
| 出产率 | 0.7 | 0.38 | 0.5 | 0.1 | 0.8 | 0.5 | 1 | 1 |

由此，可以计算得到单位净产品的虚拟水量（表6-5）：

表6-5 单位净产品的虚拟水量（单位：m³/kg）

| 粮食 | 植物油 | 棉花 | 甜菜 | 水果 | 烟叶 | 蔬菜 | 豆类 |
|---|---|---|---|---|---|---|---|
| 0.872 | 3.550 | 6.746 | 1.126 | 1.372 | 4.264 | 0.091 | 0.849 |

计算表明，黑河流域生产1 kg粮食，需要耗费至少872 kg的水量；而生产1 kg植物油耗费的水量是粮食作物的4倍左右，高达3550 kg；生产1 kg蔬菜的水量最少，但至少也需要91 kg的水量。

2.动物产品虚拟水计算

动物产品的虚拟水含量计算主要采用价值分解的方法进行，具体的计算方法在前面已经有详细的介绍，这里不再赘述。显然，某一特定动物产品虚拟水的计算需要的数据包括：单位活动物产量消耗的饲料量、饲料结构、日常饮水和清洁用水量，单位活畜体屠宰后胴体、下水和皮毛等的比例，以及不同动物产品的市场价格等等。获得这些数据通常是十分困难的，这也是动物产品虚拟水计算难度大、复杂性高的主要原因之一。在虚拟水贸易研究中，较多的研究者根据各国动物和动物产品虚拟水贸易的资料，按照贸易贡献的大小对世界各国动物产品的虚拟水数量进行了估算。尽管估算结果可能会与各国的实际情况有一定的差别，但这种方法为当前的研究计算提供了一个比较的平台。Chapagain 和 Hoekstra 按照以上方法对世界 100 多个国家动物产品生产包含的虚拟水进行了估算，其中也包括了对中国的估算，这里我们引用 Chapagain、Hoekstra 的研究成果（见表6-6）。

表6-6  部分国家不同活动物的虚拟水含量表(单位：m³/kg)

|  | 马 | 绵羊 | 山羊 | 牛 | 猪 | 奶牛 | 蛋鸡 | 家禽 |
|---|---|---|---|---|---|---|---|---|
| 澳大利亚 | 11.707 | 6.343 | 6.585 | 11.707 | 6.117 | 1.213 | 4.053 | 2.373 |
| 加拿大 | 9.619 | 5.666 | 5.440 | 9.616 | 3.268 | 0.823 | 2.314 | 1.358 |
| 中国 | 11.186 | 5.940 | 10.016 | 11.186 | 2.160 | 2.079 | 8.651 | 3.111 |
| 印度 | 12.729 | 6.589 | 11.237 | 12.729 | 4.175 | 2.596 | 23.692 | 8.499 |
| 爱尔兰 | 7.575 | 5.246 | 4.809 | 7.575 | 2.012 | 0.715 | 1.544 | 0.908 |
| 意大利 | 9.581 | 5.710 | 5.407 | 9.581 | 3.459 | 0.842 | 2.792 | 1.637 |
| 日本 | 10.751 | 5.786 | 6.105 | 10.751 | 4.325 | 1.113 | 3.488 | 2.044 |
| 韩国 | 13.172 | 6.735 | 9.572 | 13.172 | 6.685 | 2.171 | 13.668 | 5.679 |
| 荷兰 | 7.680 | 5.261 | 4.832 | 7.680 | 2.086 | 0.730 | 1.555 | 0.914 |
| 俄罗斯 | 12.310 | 6.495 | 9.055 | 12.310 | 5.488 | 1.967 | 11.312 | 4.702 |
| 美国 | 10.056 | 5.715 | 5.592 | 10.056 | 3.371 | 0.827 | 2.222 | 1.304 |

黑河流域动物产品虚拟水含量同样参考了 Chapagain 和 Hoekstra 的研究成果，有关中国一些动物产品的虚拟水量为牛肉：19.989 m³/kg；猪肉：3.561 m³/kg；羊肉：18.005 m³/kg；禽蛋：8.651 m³/kg；鲜奶：2.201 m³/kg；奶粉、糕点：4.157 m³/kg。由此得到黑河流域居民家庭消费单位产品虚拟水含量（见表6-7）。

表6-7  黑河流域居民家庭消费单位产品虚拟水含量(单位：m³/kg)

| 类别 | 粮食 | 食用植物油 | 蔬菜 | 猪肉 | 牛肉 | 羊肉 | 禽肉 | 禽蛋 | 鱼虾 |
|---|---|---|---|---|---|---|---|---|---|
| 虚拟水 | 0.872 | 3.55 | 0.091 | 3.561 | 19.989 | 18.005 | 3.111 | 8.651 | 5 |
| 类别 | 鲜瓜 | 鲜奶 | 糕点 | 棉布 | 白酒 | 啤酒 | 饮料 | 卷烟 | 食糖 |
| 虚拟水 | 0.099 | 2.201 | 4.157 | 6.746 | 0.978 | 15 | 1 | 4.264 | 1.126 |

注：卷烟以盒为计量单位，即 m³/盒。

## 二、水足迹计算

### 1. 虚拟水计算结果

表6-8　2004年黑河流域居民家庭人均虚拟水消费计算结果(单位:m³/cap/yr)

| 乡镇 | 虚拟水 | 乡镇 | 虚拟水 | 乡镇 | 虚拟水 | 乡镇 | 虚拟水 |
|------|--------|------|--------|------|--------|------|--------|
| 额济纳旗 | 1004.156 | 巷道 | 715.2177 | 李寨 | 697.5758 | 铧尖 | 989.6845 |
| 安阳 | 851.5623 | 新坝 | 761.9155 | 六坝 | 850.9124 | 怀茂 | 785.7705 |
| 长安 | 497.7255 | 宣化 | 605.0493 | 民联 | 755.4234 | 黄泥堡 | 780.9898 |
| 大满 | 894.9834 | 正远 | 696.3525 | 南丰 | 772.3235 | 金佛寺 | 1090.075 |
| 党寨镇 | 806.6507 | 峪泉 | 826.536 | 南古 | 780.9664 | 临水 | 969.7837 |
| 甘浚 | 804.5976 | 大庄子 | 955.3121 | 三堡 | 946.2424 | 清水 | 873.2854 |
| 花寨 | 1018.376 | 鼎新 | 1081.82 | 顺化 | 627.9867 | 泉湖 | 817.7063 |
| 碱滩 | 971.9177 | 东坝 | 1556.856 | 新天 | 800.9594 | 三墩 | 898.3597 |
| 靖安 | 681.1467 | 古城 | 1044.057 | 永固 | 553.7318 | 上坝 | 832.6621 |
| 梁家墩 | 798.1855 | 航天 | 728.6505 | 陈户 | 664.9967 | 屯升 | 834.0715 |
| 龙渠 | 985.001 | 金塔 | 732.2491 | 大马营 | 754.2851 | 西洞 | 796.437 |
| 明永 | 873.1656 | 三合 | 725.5674 | 东乐 | 954.3395 | 西峰 | 786.409 |
| 三闸 | 707.9667 | 西坝 | 997.8099 | 霍城 | 679.9227 | 下河清 | 852.5824 |
| 沙井 | 824.6262 | 羊井子湾 | 822.8795 | 老军 | 619.085 | 银达 | 813.7493 |
| 上秦 | 752.5208 | 中东 | 1201.1 | 李桥 | 602.7393 | 总寨 | 943.4665 |
| 乌江 | 766.7825 | 板桥 | 958.4747 | 清泉 | 781.4575 | 额济城市 | 1921.31 |
| 西洞 | 761.1761 | 蓼泉 | 538.0935 | 位奇 | 768.6534 | 甘州城市 | 1688.39 |
| 小河 | 1981.99 | 倪家营 | 708.8724 | 大河 | 872.2437 | 高台城市 | 1795.79 |
| 小满 | 774.1442 | 平川 | 916.5642 | 康乐 | 1850.167 | 嘉峪关城市 | 1585.94 |
| 新墩 | 805.0581 | 沙河 | 912.4 | 明花 | 1170.526 | 金塔城市 | 1410.54 |
| 合黎 | 812.0893 | 新华 | 728.2257 | 祁丰 | 1381.415 | 临泽城市 | 1261.81 |
| 黑泉 | 782.1845 | 鸭暖 | 879.0999 | 东洞 | 1115.42 | 民乐城市 | 1853.49 |
| 罗城 | 793.5194 | 北部滩 | 538.8585 | 丰乐 | 759.5938 | 山丹城市 | 1348.16 |
| 骆驼城 | 1195.753 | 丰乐 | 755.632 | 果园 | 700.1337 | 肃南城市 | 2045.53 |
| 南华 | 740.3216 | 洪水 | 814.0917 | 红山 | 650.0025 | 肃州城市 | 1787.53 |

黑河流域虚拟水计算主要包括城市和农村虚拟水消费（具体计算结果见表6-8）。从表6-8中可以看出，2004年黑河流域城市人均虚拟水消费均大于2000年甘肃省城市人均虚拟水消费（甘肃省城市人均虚拟水637.7m³/cap/yr）；农村除了长安、宣化、廖泉、北部滩、顺化、陈户、永固、霍城、老军、李桥、红山11个乡镇之外，2004年其余乡镇人均虚拟水消费均大于2000年甘肃省农村人均虚拟水消费（甘肃省农村人均虚拟水692.2m³/cap/yr）。这说明，黑河流域人均虚拟水消费量总体大于甘肃省人均虚拟水消费量。

2. 水足迹计算结果

黑河流域居民人均生活用水量通过社会调查获取相关数据并通过计算得到，由于甘州的安阳，肃州的西洞、丰乐、屯升、红山、金佛寺，高台的合黎、宣化、骆驼城、新坝，山丹的李桥、霍城、大马营，临泽的板桥、沙河、平川、鸭暖、廖泉，民乐的南丰、廖泉、北部滩等乡镇居民生活用水不是自来水，而是井水或河水；除此之外，甘州的长安，肃南的明花，金塔的航天、三合、古城、金塔，肃南的大河等一些乡镇生活用水按家庭人口数或者年人均分摊，缺乏精确的计量。对于这些乡镇生活用水按所在县（区、旗）已有乡镇人均生活用水平均值替代。居民人均水足迹是通过公式（6-2）对人均虚拟水与人均生活用水量求和得到的（结果见表6-9）。

表6-9　2004年黑河流域居民家庭人均水足迹计算结果（单位：m³/cap/yr）

| 乡镇 | 水足迹 | 乡镇 | 水足迹 | 乡镇 | 水足迹 | 乡镇 | 水足迹 |
|---|---|---|---|---|---|---|---|
| 安阳 | 867.562 | 新坝 | 801.916 | 六坝 | 872.076 | 怀茂 | 801.278 |
| 长安 | 516.061 | 宣化 | 630.140 | 民联 | 772.415 | 黄泥堡 | 798.990 |
| 大满 | 913.318 | 正远 | 722.470 | 南丰 | 787.908 | 金佛寺 | 1111.823 |
| 党寨镇 | 835.432 | 峪泉 | 846.179 | 南古 | 801.479 | 临水 | 1010.242 |
| 甘浚 | 821.447 | 大庄子 | 984.932 | 三堡 | 960.642 | 清水 | 884.078 |
| 花寨 | 1028.828 | 鼎新 | 1095.478 | 顺化 | 644.834 | 泉湖 | 855.888 |
| 碱滩 | 988.680 | 东坝 | 1584.541 | 新天 | 829.174 | 三墩 | 929.471 |
| 靖安 | 705.110 | 古城 | 1062.057 | 永固 | 564.232 | 上坝 | 863.773 |
| 梁家墩 | 808.374 | 航天 | 746.651 | 陈户 | 677.509 | 屯升 | 850.738 |
| 龙渠 | 1001.491 | 金塔 | 750.249 | 大马营 | 767.672 | 西洞 | 843.104 |
| 明永 | 898.166 | 三合 | 743.567 | 东乐 | 983.533 | 西峰 | 799.332 |
| 三闸 | 720.467 | 西坝 | 1008.310 | 霍城 | 705.423 | 下河清 | 868.477 |

续表 6-9

| 乡镇 | 水足迹 | 乡镇 | 水足迹 | 乡镇 | 水足迹 | 乡镇 | 水足迹 |
|------|--------|------|--------|------|--------|------|--------|
| 沙井 | 844.304 | 羊井子湾 | 832.846 | 老军 | 630.085 | 银达 | 826.302 |
| 上秦 | 772.198 | 中东 | 1215.448 | 李桥 | 617.739 | 总寨 | 963.307 |
| 乌江 | 795.018 | 板桥 | 973.228 | 清泉 | 797.149 | 额济纳城市 | 1942.188 |
| 西洞 | 784.414 | 蓼泉 | 556.093 | 位奇 | 784.137 | 甘州城市 | 1723.203 |
| 小河 | 2035.323 | 倪家营 | 739.810 | 大河 | 890.244 | 高台城市 | 1825.317 |
| 小满 | 789.070 | 平川 | 934.564 | 康乐 | 1881.722 | 嘉峪关城市 | 1649.322 |
| 新墩 | 837.502 | 沙河 | 927.400 | 明花 | 1188.526 | 金塔城市 | 1453.407 |
| 合黎 | 830.089 | 新华 | 742.286 | 祁丰 | 1399.415 | 临泽城市 | 1296.493 |
| 黑泉 | 793.597 | 鸭暖 | 894.623 | 东洞 | 1130.457 | 民乐城市 | 1888.757 |
| 罗城 | 807.519 | 北部滩 | 556.859 | 丰乐 | 775.253 | 山丹城市 | 1373.566 |
| 骆驼城 | 1213.753 | 丰乐 | 779.839 | 果园 | 713.734 | 肃南城市 | 2071.121 |
| 南华 | 753.800 | 洪水 | 834.822 | 红山 | 668.002 | 肃州城市 | 1826.957 |

比较表 6-8 和表 6-9 可知，黑河流域居民家庭人均虚拟水消费在水足迹消费中占较大比重，平均占 90%以上，说明黑河流域水资源的消费主要以虚拟水的方式进行。因此，要减少水资源消费量和解决水资源分配问题，需从虚拟水消费方面考虑。

# 第七章 黑河流域环境影响空间差异分析

## 第一节 水足迹空间分布

### 一、县（区、旗）空间分布

在上一章我们已经通过计算获得黑河流域居民人均水足迹的消费数据，下面我们对计算结果进行分析。首先，我们从总体上对研究区内的10个县（区、旗）按上中下游空间分布的角度分析黑河流域水足迹。

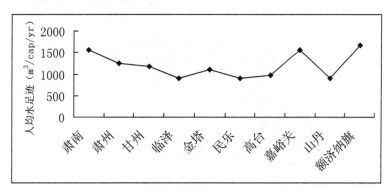

**图7-1 2004年黑河流域人均水足迹**

图7-1给出了黑河流域人均水足迹分布趋势。处于上游的肃南县人均水足迹为1562.59 $m^3$/cap/yr；低于下游额济纳旗的人均水足迹，处于第二的位置。中游的嘉峪关、肃州、甘州和金塔4个县市的人均水足迹超过1000 $m^3$/cap/yr，其中嘉峪关是中游地区人均水足迹最大的区，为1558.99 $m^3$/cap/yr，接近上游肃南的人均水足迹；中游的其余4个县人均水足迹小于1000 $m^3$/cap/yr，高台的人均水足迹为964.08 $m^3$/cap/yr，民乐、临泽和山丹人均水足迹小于900 $m^3$/cap/yr，大于800 $m^3$/cap/yr，山丹是黑河流域人均水足迹最低的县；中下游交接处的金塔人均水足迹为1103.30 $m^3$/cap/yr，高于中游的

临泽、高台、民乐和山丹，处于下游的额济纳旗人均水足迹为1668.11 $m^3/cap/yr$，是黑河流域人均水足迹最大的县（区、旗）。由此从整体上可以看出，黑河流域人均水足迹下游高于中上游地区。这与下游地区水资源更为稀缺，气候更为干燥，以及人们的饮食有直接的关系。

## 二、乡镇空间分布

图7-2是黑河流域水足迹空间分布图，以农村乡镇为单位。所用数据是黑河流域人均水足迹量，没有调查的地区赋值为0。板块颜色深浅表示乡镇水足迹量的大小；颜色从深到浅分为5个等级：大于1800 $m^3/cap/yr$，140～1800 $m^3/cap/yr$，1000～1400 $m^3/cap/yr$，600～1000$m^3/cap/yr$，0～600 $m^3/cap/yr$。

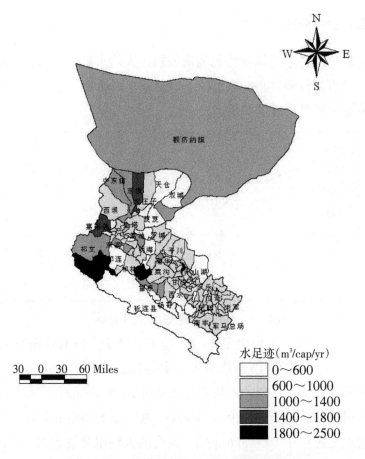

图7-2 2004年黑河流域各乡镇人均水足迹分布图[①]

①本图由刘玉卿制作完成。

注：图中缺少青海省祁连县，以及肃南县除去祁丰、康乐、明花和大河四个乡镇外其余地区的数据，在作图时将其赋值为0。

从图7-2中可以看出黑河流域人均水足迹有明显的空间分布规律。人均水足迹下游地区大于中游和上游地区，上游地区又大于中游地区。计算结果表明：上游地区有60%的乡镇人均水足迹在900～1100 m³/cap/yr以上，例如，大河人均水足迹890.24 m³/cap/yr，祁丰1399.42 m³/cap/yr，明花1088.53 m³/cap/yr。中游地区有73.33%的乡镇人均水足迹在600～900 m³/cap/yr之间，例如，李桥617.74 m³/cap/yr，新华742.29 m³/cap/yr，峻泉846.18 m³/cap/yr。下游64%的乡镇在1100 m³/cap/yr，例如，中东1215.45 m³/cap/yr，东坝1584.54 m³/cap/yr。

经济条件好的地区人均水足迹大于经济条件较差地区。水足迹计算结果表明人均收入水平高的地区，人均水足迹相应也大。例如，金佛寺的人均收入（4744元）是大马营（2011元）的2.46倍，金佛寺人均水足迹（1111.82 m³/cap/yr）为大马营（人均水足迹为767.67 m³/cap/yr）的1.45倍。

各地区消费结构的差异对人均水足迹消费也产生较大的影响。消费结构以肉类为主的地区人均水足迹大于以粮食为主的地区。肃南的明花乡（裕固族人口占总人口的50%）居民消费主要以牛羊肉为主，酒泉的总寨居民消费主要以粮食消费为主，结果明花的人均水足迹（1188.53 m³/cap/yr）是总寨人均水足迹（963.31 m³/cap/yr）的1.24倍；对于人均收入相近的乡镇，额济纳（3011元）和总寨（3270元），由于同样的原因，额济纳旗人均水足迹（1668.11 m³/cap/yr）是总寨（963.31 m³/cap/yr）的1.73倍，在额济纳旗，蒙古族人口占总人口的34%。

## 三、城乡空间分布

前文分别从县（区、旗）和乡镇尺度分析了黑河流域居民水足迹空间分布，为了更全面反映黑河流域水足迹的空间分布，还需要从城乡的空间角度进行分析。

由图7-3可知，城市家庭人均水足迹总体上高于农村家庭人均水足迹。在城市和农村，人均水足迹差别最大的县是民乐县，人均水足迹相差接近2.5倍（城市人均水足迹1888.76 m³/cap/yr，农村人均水足迹760.22 m³/cap/yr）；人均水足迹差别最小的县，城市与农村人均水足迹相差接近1.5倍（在金塔县，城市人均水足迹1453.41 m³/cap/yr，农村人均水足迹1002.41 m³/cap/yr）。城市比农村人均水足迹高的主要原因在于城市居民生活水平明显高于农村居民，城市居民家庭食物消费量大，特别是肉类消费量较大；农村居民生活水平较低，消费以粮食为主，相比肉类产品消费，粮食消费虚拟水含量相对较小。

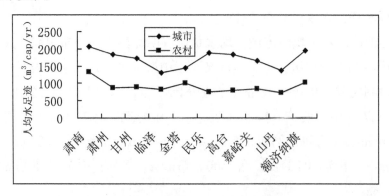

图7-3　2004年城市农村人均水足迹比较

　　总体来看，出现这种变化规律的原因可能在于黑河上游生态环境状况良好，水资源比较丰富，单位农产品虚拟水含量较低，但由于上游居民以放牧为主，食物消费以牛羊肉为主，因而人均水足迹的消费比较大；而下游地区水资源短缺，沙漠化、土壤盐渍化等生态环境不断恶化，单位农产品虚拟水含量较高，但由于饮食习惯，消费以牛羊肉为主要形式，因而水资源的消费量呈现出下游大于中游和上游的状况；中游地区以张掖为主，水资源量高于下游，低于上游，家庭消费以粮食为主，因而水资源消费介于上游和中游之间。

## 第二节　水足迹空间差异分析方法

　　研究区域不平等的方法有很多，归纳起来可以分为四大类：第一类是众所周知的统计学方法，如变异系数、基尼系数、泰尔指数等；第二类是公理法，即推导出一组合乎愿望特征的不平等指标；第三类是建立社会安全函数，并根据这一函数推导出不平等指标；第四类是模型法，通过建立空间分析模型、经济增长模型等模拟区域发展的不平等性（刘慧，2006）。

　　目前，国内外广泛采用的是统计学方法评价不平等性问题，其中基尼系数应用最为广泛。国外有不少学者使用基尼系数分析能源资源需求的不平等。Saboohi使用基尼系数分析爱尔兰城市和农村之间能源消费的不平等（Saboohi，2001）；Fernandez等估计爱尔兰农村人口不同收入群体的能源消费基尼系数（Fernandez，2005）。Jacobson等使用洛伦茨曲线和基尼系数比较5个国家能源消费的分布（Norway，USA，EI Salvador，Thailand and Kenya）（Jacobson等，2005）。Druckman使用资源不公平性的指标

——区域基尼——来估计家庭日用品消费的不公平性以及资源使用产生废弃物的不公平性（Druckman，2008）。Tol等发展了全球气候变化影响的基尼系数。他们预测气候变化影响将导致未来不平等程度的增加，并指出在保持一个较平等的水平之前，环境状况将持续恶化（Tol，2004）。王金南和张音波等提出并计算了中国和广东省水资源消耗、能源消耗、$SO_2$、COD和工业固体废物排放的资源消费基尼系数（王金南等，2006；张音波等，2008）。

泰尔指数和阿特金森指数同样应用于环境不平等性度量中。Emilio使用基尼系数和泰尔指数分析了113个国家1971—1999年期间二氧化碳释放的不平等（Emilio，2006）。Thomas White使用基尼系数的估计表明各组分足迹的不平等如何解释总足迹不平等。同时用阿特金森指数的计算表明生态足迹的不平等与人均收入和环境强度有怎样的关系，结果表明收入分配比环境强度具有更大的不公平性（White，2007）。武翠芳与徐中民使用基尼系数和泰尔指数对黑河流域居民家庭生态足迹差异性进行研究，并从空间分解的角度从上中下游和城乡之间进行分解，分析了组内和组间差异对总差异的贡献（武翠芳与徐中民，2008）。

## 一、不平等性测度指数的公理性原则

面对众多的不平等测定指数，为了评价各个测度指数的优劣，必须建立起对不平等测定的评价标准，通过这些准则去判断哪些不平等测定指数是比较合理的，哪些是有缺陷和不足的。对不平等测定指数评价的主要公理性原则如下：

设$n$个人的福利分布为$X=(x_1, x_2, \cdots, x_n)$，且$x_1 \leqslant x_2 \leqslant \cdots \leqslant x_n$

（1）庇古—道尔顿转移公理。在其他个体消费水平保持不变的情况下，任何从消费水平相对较高的人转移一部分资源给消费水平较低的人之后，都将降低消费不平等；相反，从消费水平较低者向消费水平较高者的资源转移将加剧不平等。

（2）转移敏感性。在个体之间进行相同水平的消费转移时，转移出消费的个体的消费水平越低，对总不平等程度的影响就越大。

（3）规模无关性。规模无关又称为复制原则，假设考察一个由两个人构成的群体消费分配不平等状况时，每人的消费分别为$x$和$y$个单位，而同时有另一个由四个人构成的群体，其中两个人的消费是$x$个单位，另两个人的消费是$y$个单位，则有$I(x, y) = I(x, x, y, y)$。

（4）人口无关性。如果把几个相同的消费分布融合成一个消费分布，则不平等程度不变，该公理又称为复制不变性，指的是将某个消费分布复制若干次后所得到的新的消费分布的不平等程度不变。

（5）标准化。当所有人的消费相等时，$I=0$；当只有一人取得全部消费时，不平等程度最大，$I=1$。

上面五个公理中，庇古—道尔顿公理是不平等测度的基石，其直观含义是非常明显的，任何违背这一公理的不平等指数都被视为不好的测度指数。规模无关性和人口无关性指的是消费和人数的倍增不变性，只有这样对不同规模消费和人数进行不平等测度才有可比性。转移敏感性指的是测度消费不平等时应更加关注低消费水平的人。标准化给不平等指数的取值设置了一个区间，增强了不平等测度的可比性（洪兴建，2008）。

对照上述五个公理，可以证明，相对平均差和对数方差不满足公理（1）、（2）和（5），方差和标准差不满足公理（2）、（3）和（5），变异系数不满足公理（2）和（5），基尼系数不满足公理（2），泰尔指数不满足公理（5）。依据转移和转移敏感性分析各个指标特性，认为在满足庇古—道尔顿转移公理的前提下，只要不选择对高消费变动敏感的指标，其他指标均可以试用。由于基尼系数对众数区域变动比较敏感，泰尔指数对低福利变动敏感。因此选择基尼系数和泰尔指数来作为不平等的测度指标应该是一种比较全面的度量不平等的方法。

同时泰尔指数还具有可分解的优点。消费不平等分解的目的是探寻不平等及其变化的影响因素与程度，探讨减少不平等的途径，从而为有关政策的制定提供参考建议。

**二、不平等性测度指数的社会福利含义**

经济学家发现，不平等的程度越高，不平等所导致的社会福利损失就越大。对不平等指标中隐含的社会福利函数的考察表明，有些指标具有不可接受的特征，也不能表达社会福利含义。因此，对不平等指标的选择，除了从公认的5个公理方面判断之外，还需要从不平等指数的社会福利含义来进行判断。要判断不平等指标是否具有社会福利含义，需要确定不平等指标与社会福利函数之间的关系。下面从社会福利含义方面判断基尼系数与泰尔指数是否具有可接受的特征。

1.社会福利函数

福利经济学家通过构建一个次序规则对社会的所有状态进行排序，此次序规则通常依据的是某个社会福利函数（social welfare function），即依据某个社会福利函数测度各种状态下的社会福利并进行排序。早期社会福利函数主要采用效用函数形式，设消

费分布 $X=(x_1, x_2, \cdots, x_n)$，个体 $i$（收入为 $x_i$）的效用为 $\mu_i(x_i)$，那么整个社会的福利函数为：

$$W = \sum_{i=1}^{n} \mu(x_i) \qquad (7\text{-}1)$$

此公式表明效用主义的社会福利函数是可加可分离的。一般要求效用函数 $\mu_i(x_i)$ 为递增的凹函数，至于每个人的效用函数是否相同，对最终结果有很大影响。如果每个人的效用函数相同，则可以证明在总收入一定的条件下，最大化社会福利的结果是平均分配；而如果每个人的效用函数不同，最大化社会福利函数的结果可能是一个高度不平均分配。社会福利函数未必就是效用主义的，为了更一般地解释社会福利函数，柏格森和萨缪尔森提出了广义社会福利函数的概念（Bergson，1938；Samuelson，1947）。公式为：

$$W = W(X) = W(x_1, x_2, \cdots, x_n) \qquad (7\text{-}2)$$

阿罗将社会福利定义为群体决策的某个规则（Arrow，1951）。道尔顿最早使用社会福利的损失来测度不平等。他选择的社会福利函数为严格凹函数，即 $W(X) = \sum_{i=1}^{n} \mu(x_i)$，当平均分配的社会总效用为 $W(\mu \cdot e^n)$，其中 $e^n$ 表示元素全为 1 的 $n$ 维行向量（Dalton，1920）。则，道尔顿不平等指标为：

$$D = 1 - \frac{W(X)}{W(\mu \cdot e^n)} \qquad (7\text{-}3)$$

经过很长一段时间，学者才关注道尔顿指标。Atkinson 认为道尔顿指标并不满足仿射变换不变性，并推导出了一个合适效用函数后给出的不平等指标：

$$A(\varepsilon) = \begin{cases} 1 - \left[ \frac{1}{n} \sum_{i=1}^{n} (\frac{x_i}{\mu})^{-\varepsilon} \right]^{\frac{1}{1-\varepsilon}}, & \varepsilon \neq 1 \\ 1 - \prod_i (\frac{x_i}{\mu})^{\frac{1}{n}}, & \varepsilon = 1 \end{cases} \qquad (7\text{-}4)$$

基于社会福利函数基础上的不平等指标，目前普遍采用 Atkinson 提出的平均分配的同等收入（equally distributed equivalent income，EDEI）的概念（Atkinson，1970）。平均分配等值收入的含义是，当每个人均取得平均分配的同等收入时，该状态的社会福利与实际收入分布的社会福利是相等的。设 EDEI 为 $\xi$，也就是 $W(\xi \cdot e^n) = W(X)$，从而不平等指标为：

$$I = 1 - \frac{\xi}{\mu} \qquad (7\text{-}5)$$

这样比较不同收入分布的不平等程度，就等价于比较相应的EDEI与$\mu$的比值，即对比相应的社会福利函数。判断不平等指标的好坏，一定程度上可以通过比较社会福利函数的优劣来判断。当然有些不平等指标不能表示为社会福利函数的形式，因此也不能作为一个好的指标来度量不平等。

2.基尼系数的社会福利函数

基尼系数不仅可以用来度量收入的不平等，同时还可以度量消费的不平等、财富的不平等和任何其他事物分布的不均状况（徐宽，2003）。但基尼系数用来度量收入的不平等最为普遍。因此这里以基尼系数为代表研究不平等指标的社会福利含义。基尼系数最初是作为一个表达分布不均等的指标提出的。在很长一段时间内，人们只是把它和方差或标准差当成作用类似的分布不均等的指标。当学者必须从中选择一个指标，就会发现：若不考察这些指标的社会福利含义，就很难判断哪个指标比其他的指标更为合适。因此，学者们便开始考察各种不平等指标和社会福利函数之间的关系。现在经济学家已经发现许多不平等指标与社会福利函数之间存在直接但又不是一目了然的关系。这些发现还表明，不平等的程度越高，不平等所导致的社会福利损失就越大。这些理论的发现使基尼系数的社会福利含义更为清晰。

从统计学的角度来看，基尼系数是基尼平均差的函数，它最早用来度量一个分布的离散程度。现在仍可用于此目的。道尔顿在1920年提出了一个评价社会不平等指标的起码的标准"庇古—道尔顿转移支付原理"。在阐述这一原理时，道尔顿写道："我们首先要阐述转移支付原理：如果这个社会中只存在两个人，那么如果财富从富者转移到穷者，不平等程度就会降低。但是这里有一个限制条件，就是富者的财富转移不能太大，以至于使穷者和富者的经济地位互换，并使新的穷者更穷，新的富者更富。这种转移支付的量的极限是使两者完全平等。"我们可以进一步地说，不管这个社会中存在多少人，也不管他们的财富是多少，如果在任何两个人之间做如上的转移支付，那么整个社会的不平等就会减少（Dalton，1920）。道尔顿还注意到，基尼系数仅仅是基尼相对平均差的二分之一。道尔顿认为，因为相对平均差符合上述的转移支付原理，所以基尼系数也符合上述的转移支付原理。因此，认为基尼系数是一个可行的度量不平等的指标。

研究不平等和社会福利的损失之间的规范经济学方法出现比较晚。Kolm（1969）倡导用社会福利函数去度量收入不平等。Atkinson（1970）认为，如果要选择一个恰当的度量不平等的指标，考虑其社会福利的含义是非常重要的。Atkinson说："首先，仅使用不平等指标会使人忽视以下事实，如果不知道社会福利函数的形式，就不可能对分布给出完全的优劣排序。其次，对不平等的指标中隐含的社会福利函数的考察表明，有些指标具有不可接受的特征，也不能表达社会福利含义。由于上面两个原因，我们应该拒绝那些常用的不平等的度量方法，接受那些具有社会福利函数特征的指标。"（Atkinson，1970）

将基尼系数和社会福利函数联系起来的途径是将基尼系数用平均分配的同等收入（EDEI）来定义，或是用 Atkinson（1970）、kolm（1969）和 Sen（1973）所提出的代表性收入来定义。运用这种方法，度量收入不平等的指标 $I$ 可以表示为平均分配的同等收入的值 $\xi$ 和平均收入的 $\mu$ 的函数，见公式（7-5）。

如果 $I$ 是定义在社会福利函数之上的基尼系数，那么 $I$ 就可以用 $I^e$ 或是 $G$ 来表示。根据这个公式，如果平均分配的同等收入的值 $\xi$ 等于 $\mu$，那么 $I$ 等于 0，这就表明社会中不存在不平等。如果平均分配的同等收入的值 $\xi$ 小于 $\mu$（例如，前者是后者的 70%），那么 $I$ 将会大于 0，小于 1（这时，$I$ 值将是 0.3），这就表明存在一定程度的收入不平等。当然，如何计算平均分配的同等收入的值 $\xi$ 是极为重要的。一般说来，平均分配的同等收入的值 $\xi$ 是这样决定的，对于给定一个特定的社会福利函数，平均分配的同等收入的值 $\xi$ 是一个收入水平，当社会每个人都得到它时，全社会所获得的社会福利函数值与实际不平均的收入分布所产生的社会福利函数值相等。

图 7-4 给出了两个人的收入分布，也就是 $y$ 点（第一个人的收入为 $y_1$=2，第二个人的收入为 $y_2$=5）。图中，45 度直线代表收入完全平等，两个人的收入一样，即 $y_1$=$y_2$。$I_1$ 和 $I_2$ 为社会福利函数的无差异曲线。由于实际收入分布 $y$ 出现在无差异曲线 $I_2$ 上，而且无差异曲线 $I_2$ 和 45 度直线有一个交点，即平均分配的同等收入（EDEI），这个交点所代表的社会福利水平和 $y$ 所代表的社会福利水平相当。因此，对于给定的社会福利函数，实际收入分布 $y$ 所代表的社会福利水平和平均分配的同等收入（EDEI）所代表的社会福利水平没有什么不同（徐宽，2003）。

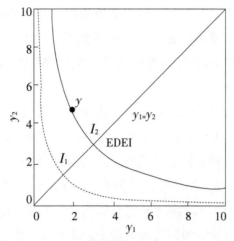

图7-4 社会福利函数和EDEI（徐宽，2003）

基尼系数就可以通过与基尼社会福利函数相联系的平均分配的同等收入（EDEI）来计算：

$$E_G \equiv \frac{1}{n^2}\sum_{i=1}^{n}(2n-2i+1)y_i \qquad (7-6)$$

这个平均分配的同等收入（EDEI）产生于基尼社会福利函数 $W_G(y)=\frac{1}{n^2}\sum_{i=1}^{n}(2n-2i+1)y_i$。这个基尼福利函数对贫穷者赋予了较大的权重，对于富裕者赋予了较小的权重。权重是由收入排序的序数而不是收入多少本身决定的。基尼系数就可以定义为平均分配的同等收入（EDEI）和平均收入的函数：

$$I^G \equiv G \equiv 1-\frac{E_\delta(y)}{\mu_y}=1-\frac{1}{n^2\mu_y}\sum_{i=1}^{n}(2n-2i+1)y_i \qquad (7-7)$$

由于 $G=1-\frac{E_\delta(y)}{\mu_y}$ 的取值位于0（表示完全的平等）和1（表示完全的不平等）之间，$1-G=\frac{E_\delta(y)}{\mu_y}$ 也位于0（表示完全的平等）和1（表示完全的不平等）之间。所以，$1-G$ 可用以度量收入的平等程度。

上述公式清楚地表明基尼系数的社会福利含义。如果基尼系数为0.3，这表明，不平等将社会福利水平降到现有的社会总收入平均分配后所能达到的社会福利水平的70%。如果把现有的社会总收入平均分配，那么不平等将会降为0，这也说明，在对厌恶不平等的社会里，基尼系数低的收入分布给社会所带来的社会福利比基尼系数高的收入分布所带来的要高。同样地，通过分析，泰尔指数也具有一定的社会福利含义。

因此，基尼系数与泰尔指数在不平等度量中被认为是相对比较好的度量指标。

## 三、差异性的度量方法

由于上述原因，本研究同时运用基尼系数和泰尔指标来进行分析区域环境影响的差异性。

### 1. 基尼系数

1905年，统计学家洛伦茨提出了洛伦茨曲线。将社会总人口按收入由低到高的顺序平均分为10个等级组，每个等级组均占10%的人口，再计算每个组的收入占总收入的比重。然后以人口累计百分比为横轴，以收入累计百分比为纵轴，绘出一条反映居民收入分配差距状况的曲线，即为洛伦茨曲线。为了用指数来更好地反映社会收入分配的平等状况，1912年，意大利经济学家基尼根据洛伦茨曲线计算出一个反映收入分配平等程度的指标，称为基尼系数。随后，Dalton（1920）、Atkinson（1970）、Sheshinski（1972）等人又对基尼系数做了进一步的改进研究。

在研究收入差距的文献中，基尼系数使用最为广泛。基尼系数能以一个数值反映总体收入差距状况，是国际经济学界所采用的最流行的指标，因而具有比较上的方便。基尼系数的计算方法较多，便于利用各种资料。基尼系数的值介于0和1之间，它满足一个好的指标的所有性质，并且其本身是有含义的。但基尼系数一般对中等收入水平的变化特别敏感，如果一国中等收入阶层收入变动比较大，那么基尼系数就不是很稳定，分析趋势相对困难。

反映区域环境差异的基尼系数计算公式为：

$$G = \frac{2}{n^2 \mu_y} \sum_{i=1}^{n} i y_i - \frac{n+1}{n} \tag{7-8}$$

其中，$n$ 代表样本数目，$y_i$ 表示水足迹由低到高排列后第 $i$ 个样本的水足迹占总足迹的比重，$\mu_y$ 是区域水足迹的平均值。

### 2. 泰尔指数

泰尔指数是由泰尔于1967年利用信息理论中的熵概念来计算不平等而得名的（Theil，1967）。其计算方法是：

$$I_{\text{theil}} = \frac{1}{N} \sum_{i \in N} \frac{\mu_i}{\mu} \ln \frac{\mu_i}{\mu} \tag{7-9}$$

式中，$N$ 为地区个数，$\mu$ 为总足迹的平均值，$\mu_i$ 为 $i$ 地区足迹的平均值。

泰尔指数能够直接被分解为组间和组内差距。假定集合 $N$ 被分成 $m$ 个组，即 $N_k$ （$k$=1，2，…，$m$），每组相应的水足迹向量为 $y^k$，水足迹均值为 $\mu_k$，人口数量为 $n_k$，则其占总人口数量的份额为 $\nu_k = n_k/n$。方便起见，令 $\bar{y}^k$ 表示用 $\mu_k$ 替代 $y^k$ 中的每一个分量所得到的新的水足迹向量。则有：

$$I(y) = I(y^1, y^2, \cdots, y^m) = \frac{1}{n}\sum_{i \in N_k}\frac{\mu_i}{\mu_y}\ln\frac{\mu_i}{\mu_y}$$

$$= \sum_{k=1}^{m}\frac{n_k}{n}\frac{\mu_k}{\mu_y}\frac{1}{n_k}\sum_{i \in N_k}\frac{\mu_i}{\mu_k}\ln\frac{\mu_i}{\mu_k} + \frac{1}{n}\sum_{k=1}^{m}\sum_{i \in N_k}\frac{\mu_k}{\mu_y}\ln\frac{\mu_k}{\mu_y}$$

$$= \sum_{k=1}^{m}\nu_k\frac{\mu_k}{\mu_y}I(y^k) + \sum_{k=1}^{m}\nu_k\frac{\mu_k}{\mu_y}\ln\frac{\mu_k}{\mu_y}$$

$$= W + B \tag{7-10}$$

其中，$W = \sum_{k=1}^{m}\nu_k\frac{\mu_k}{\mu_y}I(y^k)$ 表示 $k$ 个组不平等值的加权平均，它代表总足迹差距值的组内差距部分。$B = \sum_{k=1}^{m}\nu_k\frac{\mu_k}{\mu_y}\ln\frac{\mu_k}{\mu_y} = I(\bar{y}^1, \bar{y}^2, \cdots, \bar{y}^m)$ 则表示足迹的组间差距部分，它是通过将每个区域的足迹换成其相应的组均值计算而得到的。在这里，$W$ 和 $B$ 的权数 $\nu_k\frac{\mu_k}{\mu_y}$ 为第 $k$ 组水足迹占总足迹的份额。

## 第三节 水足迹空间差异分析

### 一、水资源消费县际差异特征

根据公式（7-8）（7-9）计算黑河流域居民水足迹的基尼系数和泰尔指数，得出黑河流域水资源消费基尼系数为 0.59，泰尔指数为 0.32，水资源消费呈现出显著的空间差异性。

2004 年黑河流域各县（区、旗）水资源消费累积频率曲线（图 7-5）显示，黑河流域水资源消费县际差异较大。该曲线在经过 A 点（肃南县）之前比较平缓，到达 A 点时，水足迹累积频率为 2.61%，之后呈现出较为显著的上升趋势；到达 B 点（肃州区）时，累积频率为 54.23%，经过 B 点之后，呈现出更为显著的上升趋势。说明额济纳旗和肃南县水资源消费在黑河流域水资源消费中所占比重较小；民乐县和甘州区水资源消费所占比重较大，这两个县（区）的水足迹累积频率占 45 印 .77%。结果同样印证了黑河中游是流域水资源消费量最大的区域的现状。

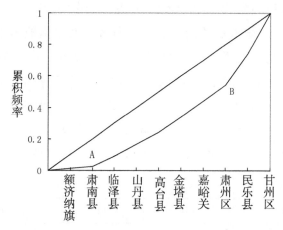

图7-5 2004年黑河流域水资源消费累积频率曲线

## 二、空间差异内部结构

前文分析大体反映了黑河流域水资源消费的空间差异格局，但是，对于形成差异的内部空间结构，还需要借助泰尔指数分解式来进行阐释。根据公式（7-10）分别对黑河流域城市和农村两个组分和黑河流域上游、中游和下游进行分解，所得计算结果如表7-1和表7-2所示。

表7-1 2004年水资源消费泰尔指数城乡分解结果

|  | 黑河 | 城乡之间 | 城市 | 农村 |
|---|---|---|---|---|
| 泰尔指数 | 0.32 | 0.19 | 0.01 | 0.11 |
| 贡献(%) | 100 | 61.28 | 4.65 | 34.06 |

从表7-1可以看出，黑河流域居民消费对环境影响城乡之间的泰尔指数为0.19，对总差异的贡献为61.28%，远大于城市或农村内部差异对总差异的贡献。城市内部泰尔指数为0.01，远远小于城乡之间的泰尔指数，也小于农村内部的泰尔指数（泰尔指数为0.11）。城市内部泰尔指数对总差异的贡献为4.64%，小于农村内部泰尔指数对总差异的贡献（贡献度为34.06%）。由此可见，黑河流域环境影响差异主要来自于城乡之间的差异；在城市和农村内部，环境影响差异性城市比农村小，对总差异的贡献城市也小于农村。究其原因，主要是因为城市与农村居民消费水平具有差异性，导致对环境影响的差异性主要体现在城乡之间。本结果与文献（武翠芳与徐中民，2008）关于生态足迹城乡不平等分解结果相似，黑河流域生态足迹城乡结构分解结果表明，

黑河流域环境影响差异主要来自于城乡之间的差异，对总差异的贡献为63.89%。与水足迹城乡之间差异对总差异的贡献类似，并占有较大的份额。

表7-2显示，黑河流域水资源消费上中下游区际泰尔指数为0.14，对总差异的贡献为43.40%，大于上游或下游内部差异对总差异的贡献，小于中游内部差异对总差异的贡献。中游内部水资源消费泰尔指数为0.20，对总差异的贡献最大，占55.05%。由此可见，黑河流域水资源消费的空间差异主要源于黑河上中下游之间和中游内部的差异程度，特别是中游地区的贡献最大。而上游和下游内部差异的贡献相对较小。

表7-2　2004年水资源消费泰尔指数上中下游分解结果

| | 黑河 | 区际 | 上游 | 中游 | 下游 |
|---|---|---|---|---|---|
| 泰尔指数 | 0.32 | 0.14 | 0.12 | 0.20 | 0.03 |
| 贡献(%) | 100% | 43.40 | 0.68 | 55.05 | 0.87 |

根据上述分解结果，如果消除了农村内部水足迹消费的差异，黑河流域的差异将下降34.06%，但如果城乡之间水足迹消费的差异被消除，流域的不平等将下降61.28%。因此环境差异性问题不仅表现在农村内部的差异，城乡之间的差异性问题也是非常值得重视的。同样上中下游的分解结果表明：如果黑河流域上中下游之间的差异被消除，则黑河流域不平等只能下降43.40%，但如果消除中游内部差异，黑河流域不平等将下降55.05%。因此要降低黑河流域水资源消费差异性，需要从城乡之间和中游内部重点考虑降低差异。

## 第四节　水资源消费空间差异原因分析

已有研究表明，造成环境影响的人文因素主要有人口、收入和技术等（徐中民，2005）。由于技术进步不好定量测量，这里主要考虑人口和收入对水资源消费差异产生的影响。为了定量反映出县际收入和人口对地区水资源消费差异影响的程度，建立如下的回归模型：

$$Y = a + bX_1 + cX_2 + d\log(X_3) + f\log(X_4) + e$$

其中Y代表各县（区、旗）水足迹基尼系数，$X_1$为各县（区、旗）居民收入基尼系数，$X_2$表示各县（区、旗）居民人口数量基尼系数，$X_3$、$X_4$分别表示各县（区、旗）居民人口数量和人均收入。

计算得到模型如下：

$$Y = 0.06 + 0.93X_1 + 0.22X_2$$
$$(1.02)\ (2.20)\ (1.04)$$
$$R^2 = 0.86$$

该方程的拟合优度达到86%，说明所选择的人口基尼系数和收入基尼指标能解释黑河流域水资源消费差异的86%，而且各系数均在0.05水平上显著不为0，说明方程拟合较好，系数显著。居民收入基尼与用水足迹基尼代表的环境影响差异成正比，收入基尼的系数为0.93说明在其他条件相同的情况下，收入基尼增加1%将导致水足迹差异增加0.93%；同样的道理，人口数量基尼系数的回归系数为0.22，说明人口数量每增加1%将导致水足迹差异增加0.22%。由于人口数量和人均收入对水足迹基尼回归系数不显著，在模型中被剔除。由得到的回归方程可知，要减少水资源消费的差异性，应从收入分配和人口分布公平性方面考虑。

根据差异性度量的基尼系数和泰尔指数，我们可以计算得到2004年黑河流域居民家庭收入分配的基尼系数为0.65，泰尔指数为0.48。收入分配的不平等性比水资源消费的不平等性更大。因此我们可以断定，如果没有收入的重新分配，不可能产生水足迹差异性的大量减少。因此，通过政策对相对容易的收入进行重新分配，进而来减少水资源消费不平等性。

# 第五节　小结

综上所述，黑河流域居民家庭水资源消费存在着较大的空间差异，主要表现在：

（1）从总体来看，黑河流域居民水资源消费基尼系数为0.59，泰尔指数为0.32，水资源消费呈现出显著的空间差异性。

（2）从空间差异内部结构来看，黑河流域城乡结构分解表明，黑河流域居民消费对环境影响城乡之间的泰尔指数为0.19，对总差异的贡献为61.28%，远大于城市或农村内部差异对总差异的贡献度。黑河流域上中下游空间结构分解结果表明，黑河流域水资源消费上中下游区际泰尔指数为0.14，对总差异的贡献为43.40%，大于上游或下游内部差异对总差异的贡献。中游内部差异对总差异的贡献最大，为55.05%。因此要降低黑河流域水资源消费差异性，需要从城乡之间和中游内部重点考虑降低环境影响差异性。

通过建立环境影响差异与居民收入差异和人口数量差异之间的回归方程，回归结果表明在其他条件相同的情况下，收入基尼增加1%将导致环境影响差异增加0.93%；人口数量差异的增加也将加剧环境影响的差异性。

# 第八章　黑河流域环境影响时空差异分析

为了分析黑河流域水足迹消费时空差异，2011年4月生态经济小组成员再次对流域居民家庭消费做了小规模调查，调查范围包括肃南、甘州、高台、民乐、山丹和临泽上中游6个县。共发放489份问卷，收回有效问卷471份，其中农村问卷351份，城市问卷120份。因为要与2004年调查数据做比较，所以，仍然使用2005年设计的问卷。问卷同样分为城市和农村两种类型。由于此次调查时间正是农户春耕时间，白天很难将大家集中在一起完成问卷，农村问卷的完成主要是通过白天在田间地头利用农户耕作休息的时间一对一进行填写，以及晚上将大家集中在某个农户家中，通过先讲解后填写两种形式完成的。城市问卷主要是随机选取居民小区入户发放然后回收问卷，联系不同企业和事业单位组织当场填写问卷等方式。对填写问卷的被调查者要求必须是年满18周岁的成年人，而且每户只允许一位家庭成员来填写问卷，每人只能填写完成一份问卷。

## 第一节　被调查者的统计情况

在填写问卷（指有效问卷）的471人中，男性248人，占总人数的52.57%；女性223人，占总人数的47.43%。具体情况见表8-1。被调查对象中汉族人口有452人，占被调查者总数的95.94%；少数民族人口18人，占4.06%。被调查的少数民族有裕固族、蒙古族、藏族和回族等。此次被调查者的年龄主要集中在31～50岁这个年龄段，年龄小于20岁和大于60岁的被调查者所占比重不超过10%（7.43%）。受教育程度主要集中在初中和高中或者中专，大学及大学以上受教育程度的被调查者比重不超过3%（2.6%）。详细情况见表8-2。

表8-1　2010年被调查者性别比例

| 问卷类型 | 数量(份) | 男性(人) | 百分比(%) | 女性(人) | 百分比(%) |
|---|---|---|---|---|---|
| 城市问卷 | 120 | 44 | 36.67 | 76 | 63.33 |
| 农村问卷 | 351 | 203 | 57.88 | 148 | 42.12 |
| 合计 | 471 | 248 | 52.57 | 223 | 47.43 |

表8-2　2010年被调查者的年龄和受教育程度

| 年龄段(岁) | 人数(个) | 百分比(%) | 受教育程度 | 人数(个) | 百分比(%) |
|---|---|---|---|---|---|
| 18～20 | 12 | 2.55 | 小学 | 34 | 7.29 |
| 21～30 | 93 | 19.75 | 初中 | 108 | 22.92 |
| 31～40 | 167 | 35.46 | 高中或中专 | 226 | 47.92 |
| 41～50 | 139 | 29.51 | 大专 | 91 | 19.27 |
| 51～60 | 37 | 7.86 | 大学 | 11 | 2.34 |
| 大于61 | 23 | 4.88 | 高于大学 | 1 | 0.26 |

被调查者的经济情况见表8-3。从表中可以看出农村各个收入阶段的被调查者都有，其中家庭收入在20000元以上的被调查者占多数，占被调查者总数的53.21%。城市居民家庭收入普遍高于农村家庭，城市家庭收入主要集中在20000以上，占城市家庭总数的82.29%；农村家庭收入主要在10000元以上，占农村家庭总数的88.29%。2010年被调查者经济状况与2004年被调查者经济状况相比，无论城市还是农村居民的经济状况都有了较大幅改善。但是由于物价上涨过快，扣除物价上涨因素影响，居民实际购买力并不高。

表8-3　2010年被调查者的经济状况

| 家庭收入(元) | 城市家庭(个) | 百分比(%) | 农村家庭(个) | 百分比(%) | 家庭数(个) | 总百分比(%) |
|---|---|---|---|---|---|---|
| 小于5000 | 0 | 0 | 1 | 0.36 | 1 | 0.27 |
| 5001～10000 | 0 | 0 | 54 | 15.36 | 54 | 11.44 |
| 10001～20000 | 21 | 17.71 | 109 | 31.07 | 130 | 27.65 |
| 大于20001 | 99 | 82.29 | 187 | 53.21 | 286 | 60.64 |
| 总计 | 120 | 100 | 351 | 100 | 471 | 100 |

## 第二节　水足迹计算

### 一、虚拟水计算

2010年黑河流域虚拟水计算仍然采用2004年虚拟水计算使用的方法，计算主要包括城市和农村居民虚拟水消费。具体计算结果见表8-4。

表8-4　2010年黑河流域居民家庭人均虚拟水消费计算结果(单位:m³/cap/yr)

| 乡镇 | 虚拟水 | 乡镇 | 虚拟水 | 乡镇 | 虚拟水 | 乡镇 | 虚拟水 |
|------|--------|------|--------|------|--------|------|--------|
| 大河乡 | 1755.72 | 梁家墩 | 739.42 | 位奇乡 | 877.97 | 山丹城市 | 1246.84 |
| 白银乡 | 1972.67 | 龙渠乡 | 1166.87 | 南华镇 | 627.44 | 高台城市 | 1632.49 |
| 康乐乡 | 1588.52 | 大满镇 | 788.46 | 骆驼城 | 871.78 | 甘州城市 | 1699.99 |
| 板桥镇 | 973.22 | 碱滩镇 | 1020.84 | 长安乡 | 514.13 | 肃南城市 | 1823.44 |
| 平川乡 | 860.88 | 党寨镇 | 1009.02 | 临泽城市 | 1813.73 | | |
| 丰乐乡 | 914.11 | 李桥乡 | 735.59 | 民乐城市 | 1599.36 | | |

### 二、水足迹计算

综合考虑居民生活用水基础上，得到2010年黑河流域居民水足迹计算结果，见表8-5。

表8-5　2010年黑河流域居民家庭人均水足迹计算结果(单位:m³/cap/yr)

| 乡镇 | 水足迹 | 乡镇 | 水足迹 | 乡镇 | 水足迹 | 乡镇 | 水足迹 |
|------|--------|------|--------|------|--------|------|--------|
| 大河乡 | 1781.21 | 李桥乡 | 761.10 | 龙渠乡 | 1185.49 | 民乐城镇 | 1629.75 |
| 白银乡 | 1998.16 | 位奇乡 | 911.67 | 大满镇 | 820.85 | 山丹城镇 | 1277.90 |
| 康乐乡 | 1614.01 | 南华镇 | 652.93 | 碱滩镇 | 1044.61 | 高台城镇 | 1662.68 |
| 板桥镇 | 1003.93 | 骆驼城 | 892.15 | 党寨镇 | 1034.51 | 甘州城镇 | 1730.50 |
| 平川乡 | 886.37 | 长安乡 | 539.62 | 肃南城镇 | 1853.83 | | |
| 丰乐乡 | 939.61 | 梁家墩 | 761.87 | 临泽城镇 | 1843.32 | | |

## 第三节　水足迹时空差异分析

黑河流域城乡居民水足迹时间比较如图8-1。

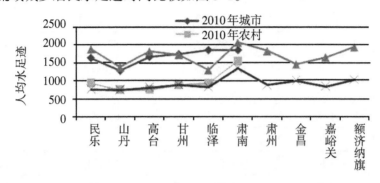

图8-1　2010年与2004年城市农村人均水足迹分布

从图8-1可知，无论2010年还是2004年城市人均水足迹均大于农村人均水足迹。从城乡差距的变化趋势来看，2010年城乡人均水足迹差距比2004年城乡人均水足迹差距有缩小的趋势，但缩小的幅度不大。城市人均水足迹2010年与2004年比较，除了山丹县，其余5个县（区）：民乐县、高台县、甘州区、临泽县和肃南县人均水足迹地区差异不显著。城市人均水足迹2010年地区差距比2004年有缩小趋势（不考虑肃州、金塔、嘉峪关和额济纳旗四个地区）。农村人均水足迹2010年与2004年地区差异不显著。

表8-6　2010年和2004年城市居民水足迹比较

| 城市 | 2010年水足迹<br>(m³/cap/yr) | 2004年水足迹<br>(m³/cap/yr) | 差值<br>(m³/cap/yr) |
|---|---|---|---|
| 肃南 | 1853.83 | 2045.53 | −191.70 |
| 临泽 | 1843.32 | 1261.81 | 581.51 |
| 民乐 | 1629.75 | 1853.49 | −223.74 |
| 山丹 | 1277.90 | 1348.16 | −70.26 |
| 高台 | 1662.68 | 1795.80 | −133.12 |
| 甘州 | 1730.50 | 1688.39 | 42.11 |
| 平均 | 1666.33 | 1665.53 | 0.80 |

从表8-6可知，除了临泽和甘州，其余4个县（肃南、民乐、山丹和高台）城市人均水足迹2010年比2004年呈下降趋势。但从6个县（区）平均值来看，2010年人

均水足迹比2004年人均水足迹仅低0.801m³/yr，变化不大。说明城市居民这六年来消费结构没有发生明显的变化。

表8-7　2010年和2004年农村居民水足迹比较

| 县 | 乡镇 | 2010年水足迹 (m³/cap/yr) | 2004年水足迹 (m³/cap/yr) | 差值 (m³/cap/yr) |
|---|---|---|---|---|
| 肃南 | 大河 | 1355.72 | 872.24 | 483.48 |
| | 康乐 | 1588.52 | 1850.17 | -261.65 |
| 临泽 | 板桥 | 973.22 | 912.40 | 60.82 |
| | 平川 | 860.88 | 997.81 | -136.93 |
| 民乐 | 丰乐 | 914.11 | 627.99 | 286.12 |
| 山丹 | 李桥 | 735.59 | 602.74 | 132.85 |
| | 位奇 | 877.97 | 768.65 | 109.32 |
| 高台 | 南华 | 627.44 | 696.35 | -68.91 |
| | 骆驼城 | 871.78 | 740.32 | 131.46 |
| 甘州 | 长安 | 514.13 | 681.15 | -167.02 |
| | 梁家墩 | 739.42 | 804.60 | -65.18 |
| | 龙渠 | 1166.87 | 761.18 | 405.69 |
| | 大满 | 788.46 | 774.14 | 14.31 |
| | 碱滩 | 1020.84 | 985.00 | 35.83 |
| | 党寨镇 | 1009.02 | 752.52 | 256.50 |
| 平均 | | 1051.76 | 925.00 | 126.76 |

从表8-7可知，农村家庭人均水足迹消费呈增长趋势，除了5个乡镇（康乐、平川、南华、梁家墩和龙渠）之外，其余10个乡镇人均水足迹消费2010年比2004年均高，6县15个乡镇人均水足迹平均增长126.76 m³/cap/yr。远高于城市人均水足迹增长率。农村居民这六年来人均水足迹增长主要原因是居民对牛奶、牛肉、羊肉以及啤酒等高虚拟水产品消费增长的结果。

## 第四节　小结

综上所述，黑河流域居民家庭水资源消费时间尺度差异不明显，主要表现在：2010年与2004年黑河流域居民家庭人均水足迹比较表明，无论2010年还是2004年，城市人均水足迹均大于农村人均水足迹。从城乡差距变化趋势来看，2010年城乡人均水足迹差距比2004年城乡人均水足迹差距有缩小的趋势，但缩小幅度不大。城市人均水足迹2010年与2004年比较，除了山丹县，其余5个县（区）：民乐县、高台县、甘州区、临泽县和肃南县人均水足迹地区差异不显著。城市人均水足迹2010年地区差距比2004年有缩小趋势（不考虑肃州、金塔、嘉峪关和额济纳旗四个地区）。农村人均水足迹2010年与2004年地区差异不显著。

# 第九章 黑河流域环境影响差异性原因分析

原因是现象背后的本质。只有厘清黑河流域环境差异背后的本质，才能对区域环境差异进行有效的调控。前面我们使用基尼系数和泰尔指数从总体和空间分布的角度进行不平等测量。这种按要素分解资源消费不平等要求知道所有环境影响来源的完备信息，并能够将消费的总资源表示为各个要素资源的总和。使用这种方法需要面对的问题有两个：第一是难以得到所需要的数据，第二是这种方法不能用来量化环境不平等的基本决定因素的作用。例如，家庭资源消费由收入决定，收入由教育、经历和其他个人或家庭的属性来决定。这些基本决定因素影响所有的资源消费组成。把总的资源消费不平等分解成与基本决定因素相关的组成部分，将是有用和有意义的事。然而传统的分解法只能将总的不平等归结于消费来源而非基本决定因素。

在分析资源消费不平等方面，目前的研究应用了很多不同的方法，但这些研究大多只是定性分析环境影响不平等的基本决定因素，缺乏精确的定量分析。夏普里值分解方法的优点在于它允许根据任一种不平等度量指标来排列这些决定因素的贡献。

## 第一节 环境影响差异的夏普里值分解方法

夏普里值分解法是一种基于回归方程的对不平等指标进行分解的新方法。事实上，从20世纪70年代早期开始，经济学家们就开始使用回归分析方法分解不平等。与传统的研究方法相比，这种方法能够量化各回归变量对因变量不平等程度的贡献，可以考虑任意数目与类型的变量甚至代理变量，包括社会、经济、人口以及政策等因素（Shorrocks，1980，1982）。这种方法在运用中具有灵活性，特别是它处理收入决定因素的内生性与随机误差的能力，使得该方法对经济学家与政策制定者都很有吸引力（万广华，2004）。Oaxaca（1973）与Blinder（1973）是提出使用回归分析方法分解不平等指标的先驱，他们主要分析的是两个群体（如男女职工）之间平均收入的差别。Juhn等（1993）扩展了这一方法，使得分解得以建立在两个群体间收入变量的整个分布差别而不仅仅是平均收入差别的基础之上。Bourguignon等（2001）进一步放松了Juhn等（1993）的线性收入决定函数的限制，使该方法的运用更加广泛。但这些学者们都是致力于解释有明显收入差别的群体之间的收入分配差异，而没有量化特定因素对总的不平等的贡献。在一系列使用半参数或无参数技术的文献中，Dinardo等（1996）及Deaton（1997）用密度函数的变化描述并比较了目标变量的分布，但也不是将总的不平等进行分解。Fields、Yoo（2000）与Morduch和Sicular（2002）运用常规技术估计了参数性的收入决定函数，并以此函数为基础来分解因变量的不平等，他们的框架允许包含任意数量的相关决定因素，其缺点是限制性条件较多。例如，Fields和Yoo（2000）使用了半对数形式表示的线性收入决定函数，在这一限制下，他们用变异系数平方（$CV_2$）来衡量不平等。而变异系数违背转移性原则。Morduch和Sicular（2002）要求使用标准的线性函数，他们的贡献仅在于提出了一个以收入比重加权计算的Theil-T指数，使用其他度量指标要么不可能（如以人口比重加权计算的Theil-L指数），要么无法得到正确的结果（如变异系数）。另外需要强调的是，在MS（Morduch和Sicular）框架下，使用范围最广的基尼系数的分解违背统一可加条件。

联合国世界发展经济学研究院Shorrocks（1999）提出的运用夏普里值基于回归方程对不平等指标进行分解的方法，可以运用于任何函数形式与任何不平等指标的分解中，具有分解完全与限制因素少的特点（万广华，2006），因此具有更优良的分解特性。

夏普里值分解框架的理论基础是联盟（合作）博弈理论。用$B(N, V)$表示一个有$N$个局中人构成的联盟博弈，$v(c)$表示联盟$c$的最大收益。若$i$为联盟$c$中的一个成员，称$v(c)-v(c|\{i\})$为$i$对联盟$c$的贡献，其中$c|\{i\}$是集合$c$除去成员$i$之后的集合。当$i$不是$c$的成员时，$c|\{i\}=c$，故$i$对联盟$c$的贡献为零。$i$对联盟$c$的贡献就是$i$对联盟$c$的边际贡献，故若$i$要求在联盟$c$中获得分配，则这种分配不会大于$i$对联盟$c$的贡献。记$k$为联盟$c$中的成员个数，称为联盟$c$的规模，记$k=|c|$。给定规模$k$，规模为$k$包括$i$的联盟有$C_{N-1}^{k-1}$个，其中$C_{N-1}^{k-1}$是$N-1$个成员中抽取$k-1$个成员的组合数。

局中人$i$对规模为$k$的所有联盟的贡献之和为：

$$\sum_{|c|=k}[v(c)-v(c|\{i\})] \tag{9-1}$$

故$i$对规模为$k$的联盟的平均贡献为：

$$\frac{1}{C_{N-1}^{k-1}}\sum_{|c|=k}[v(c)-v(c|\{i\})] \tag{9-2}$$

则 $i$ 对所有规模所有联盟的平均贡献为：

$$\phi_i = \frac{1}{N C_{N-1}^{k-1}} \sum_{|c|=k} [v(c) - v(c|\{i\})]$$

$$= \frac{[N-1-(k-1)]!(k-1)!}{N!} \sum_{|c|=k} [v(c) - v(c|\{i\})]$$

$$= \frac{(N-k)!(k-1)!}{N!} \sum_{|c|=k} [v(c) - v(c|\{i\})] \tag{9-3}$$

（9-3）式所定义的 $\phi(i=1, \cdots, N)$ 为联盟（合作）$B(N, V)$ 的夏普里值（Shapley value）。夏普里值刻画了局中人在联盟博弈中的重要性，该指标在现实生活中有广泛的应用。

Shorrocks 提出运用夏普里值基于回归方程对不平等指标进行分解，这一分解过程十分复杂，缺少可操作性。联合国世界发展经济研究院万广华（2004）将这一分解思想进行了程序化处理，从而使夏普里值分解法成为不平等指标分解中的重要方法。该方法目前主要运用在收入不平等指标的分解中，但可以运用于任何函数形式与任何不平等指标的分解中（万广华，2004）。本研究将水足迹差异替代收入差异，从而将此种方法运用于区域环境影响差异的分解上。

## 第二节　环境影响回归方程

回归解析方法是 Oxaca（1973）于 20 世纪 70 年代初提出的，但当时并没有引起人们的足够重视，直到 90 年代情况才有所改变（Juhn 等，1993），Wan（2002）曾提出这种方法的具体描述。有关这种方法的具体应用可参阅 Fields 和 Yoo（2000），Morduch 和 Sicular（2002），Heltberg 和 Rasmus（2003），Zhang 和 Zhang（2003），以及 Wan（2004）的相关文献。

得到一个环境影响函数是进行回归解析的第一步。在确定黑河流域居民水足迹函数时，我们应该尽可能将影响环境的所有要素都考虑进来。已有研究表明，主要影响环境的人文因素有：人口，经济活动，技术，政治和经济制度，态度和信仰等。

指标的选取：

（1）环境影响测算指标。分析人类活动对环境的影响，需要确定消费者对环境影响的真实范围即总的环境影响的大小。生态足迹指标是当前比较流行的测算环境可持续性的指标，该指标将人类不同类型的环境影响转化成一个综合的指标——生物生产型土地面积，具有方便理解和真实反映消费者对环境影响的优点。在黑河流域，水是内陆河流域经济发展和环境保护的关键性资源。因此，本研究使用水足迹指标作为环境影响测算指标，更具理论和现实意义。

（2）人口和富裕指标。为了更全面反映人力资本状况，除了反映人口数量的指标外，还需要反映人口质量的指标，这里我们使用户主受教育水平来表示。富裕程度代表居民的消费水平，用人均收入表示。对人类福利进行测量的生活质量指数是对人类需求满足程度的直接评估，是一种分离了消费（手段）与福利（目标）的评估。生活质量计算方法详见彭浩博士论文（彭浩，2006）。

（3）结构化指标。以消费需求为导向引导农业结构调整十分重要，消费模式调整可以改变人类活动对环境的影响。由于消费模式主要体现在消费结构、消费观念和消费行为等方面，因此，消费模式可能是一种潜在的解决环境不平等问题的方案。在此选择了消费多样性指数作为反映消费结构的一个指标。消费多样性指数具体计算方法详见文献（龙爱华，2005）①。

（4）社会资本指标。社会资本通过社会网络来动员的资源或能力总和，而获取的实际或潜在的目的（Pierre，1986）。社会资本具有提高家庭福利，降低交易成本和促进经济增长等方面的作用。因此利用社会资本有助于减轻环境问题。在此将社会资本作为影响环境的一个人文指标。具体计算方法详见文献（李玉文，2007）。

（5）其他指标。一些社会、自然和政治变量（如自然环境条件、政治体制和文化等）很难概念化成乘积的模型形式，在实际应用中以亚变量的形式进入模型。本研究主要考虑自然地理因素。从第五章可知，中游地区水资源消费在黑河流域占有较大的比重。因此用中游与上下游地理分异来表示地理要素，其中用1代表中游，0代表上游和下游。

我们建模的起始点为STIRPAT模型，并辅以其他要素。这样，环境影响函数可表示为：

---

①消费模式是在一定的消费观念、消费态度支配下，由社会制度、生产力状况、区域自然资源（包括地理环境）、经济发展水平、民族习惯等因素影响下形成的消费格局，它主要体现在消费结构、消费观念和消费行为等方面。本研究主要分析消费结构（主要是膳食结构）状况与区域水资源足迹之间的关系。消费结构计算公式为：$H = -\sum_i [p_i \ln p_i]$ 其中，$H$为虚拟水消费多样性；$p_i$为各类虚拟水消费的比例，消费类别包括粮食、食用植物油、蔬菜、瓜果、猪肉、牛肉、羊肉、家禽、蛋类、鱼虾、奶类、食糖、卷烟、白酒、啤酒、饮料、糕点。

环境影响=$f$（人口，收入，消费多样性，社会资本，

生活质量，…，虚拟变量） (9-4)

式（9-4）中，$f$表示非线性函数关系，为测试各因素对环境的影响，方程（9-4）需转换成对数形式：

$Ln$（环境影响）=$a$+$b$ln（人口）+$c$ln（富裕）+$d$ln（户主受教育程度）+$e$ln（消费多样性）+$f$ln（社会资本）+$g$ln（生活质量）+$h$ln（虚拟变量）+$e$

虽然有很多方法可以用来估算截面数据模型，但笔者发现，Kmernta（1986）提供的迭代广义最小二乘法可以用来很好地处理本研究所使用的数据，这种方法不仅允许不同变量之间异方差的存在，也允许同一变量具有子相关性。模型结果如表9-1所示。

表9-1 水足迹方程估计

| 变量 | 系数 | $T$ state | 显著程度 |
|---|---|---|---|
| 人口 | 1.035 | 23.55 | 0.000 |
| 人均纯收入 | 0.158 | 1.998 | 0.049 |
| 户主受教育水平 | 0.106 | 1.547 | 0.085 |
| 家庭消费模式 | 0.406 | 1.795 | 0.058 |
| 社会资本 | 0.061 | 1.496 | 0.093 |
| 生活质量 | 0.146 | 1.891 | 0.051 |
| 地区虚拟变量 | 0.249 | 2.694 | 0.008 |
| 常数项 | 3.623 | 5.849 | 0.000 |
| $R^2$=0.927 | | $n$=87 | |

模型拟合优度92.7%，说明所选择的指标能解释黑河流域2004年各县（区、旗）水足迹的92.7%，各系数绝大多数参数都在1%或5%的水平上显著不为0，方程拟合较好。人口数量对以水足迹为指标的环境影响成正比，系数为1.035，说明在其他条件相同的情况下，人口数量增加1%导致总的水足迹增加1.035%，因此控制人口增长对减轻我国自然资源的压力十分关键。人均纯收入的回归系数为0.158，并没有显示出水足迹与人均纯收入有反向关系，而是随人均纯收入提高1%而增加1.258%；这可能与我国当前所处的经济发展阶段有关。食物消费的多样性反映了消费水平的高低，用消费结构多样性表示的家庭消费模式对水足迹的影响成正比，系数为0.406，表明消费模式对水足迹有重要的影响。与文献（龙爱华，2005）消费结构多样性的提高有利

于降低人类对水资源系统的压力的结论似乎相矛盾，主要原因可能是使用数据存在差异，本研究因数据获取的难度只选用了2004年黑河流域截面的静态数据，缺少反映动态的时间序列的数据，得出的结果可能存在一些偏差。社会资本与水足迹的系数为0.061，表明社会资本对水足迹消费也存在一定的影响，提高地区社会资本是适应我国未来水资源需求增加和减轻水资源压力的重要手段。生活质量与水足迹之间的系数为0.146，说明生活质量与水资源消费存在正比关系。地区虚拟变量的系数为0.249，表明地理因素对水资源的影响仅次于人口、收入和消费模式的影响，影响较大。

对于给定的水足迹函数，有多种方法可以用来解析总水足迹不平等（Wan，2002）。需要注意的是，就原始水足迹变量而言，对数模型显示了一个非线性的水足迹函数。在这种情况下，我们目前只能使用 Shorrocks（1999）的夏普里值分解（Shapley value）方法[①]。一旦通过对数模型求解出原始水足迹，方程中的常数项就变成了一个足迹的乘数。在使用相对不平等指标的时候，就可以忽略这个乘数。

怎样处理残差？不得不承认，很难分析残值代表哪些影响。但是，如果模型只解释了30%～40%的水足迹不平等，剩下的由残差去解释，那么，这种研究的价值就极为有限。从这个角度看，量化残差对总不平等的贡献能够提供有用的信息。在本研究中，对残差的处理是根据 Wan（2002，2004）的方法。在对数足迹函数中，残差的影响可以很容易地由总水足迹不平等与所有其他解释变量贡献之和的差得到。

## 第三节　模型分解结果

根据环境影响差异性分析方法，用基尼系数和泰尔指数来反映黑河流域环境影响差异。然后基于表9-1的回归方程，用夏普里值方法分解出2004年各因素对黑河流域水足迹差异的贡献度。

---

① 参见 Shorrocks,A.F.: "Decomposition procedures for distributional analysis:A unified framework based on the Shapley value", in *Department of Economics*,University of Essex,1999;万广华:《解释中国农村区域间的收入不平等：一种基于回归方程的分解方法》,载《经济研究》2004年第8期,第117-127页。具体分解过程采用了联合国世界发展经济学研究院(UNU-WIDER)开发的Java程序。

表9-2　水足迹差异夏普里值分解结果

| | 基尼系数 | 贡献(%) | 泰尔指数 | 贡献(%) |
|---|---|---|---|---|
| 人口 | 0.1611 | 24.32 | 0.1465 | 25.20 |
| 人均纯收入 | 0.0834 | 12.21 | 0.0695 | 14.14 |
| 户主受教育水平 | 0.0168 | 1.78 | 0.0153 | 2.63 |
| 家庭消费模式 | 0.1007 | 15.22 | 0.0839 | 17.07 |
| 社会资本 | 0.0087 | 1.24 | 0.0073 | 1.47 |
| 生活质量 | 0.0512 | 7.73 | 0.0465 | 8.01 |
| 地区虚拟变量 | 0.0641 | 18.91 | 0.0534 | 10.86 |
| 合计 | 0.486 | 81.41 | 0.422 | 79.39 |
| 全部 | 0.59 | 100 | 0.49 | 100 |

　　表9-2列举了不平等的分解结果。分解结果表明不同的不平等度量指标导致了不同的分解结果，这是因为不同的指标对应着不同的社会福利函数，并且对洛伦茨曲线的不同部分敏感程度也不同。事实上，当分解结果不一致时，人们常选择其中一个指标的结果去分析。由于其应用的广泛性，基尼系数将用于下面的讨论中。

　　从七个因素的平均贡献率来看，黑河流域人口的差异是造成流域内总足迹差异的最主要因素。基尼系数分解结果人口差异对总不平等的贡献为24.32%，表明人口差异在环境不平等中扮演重要的角色。如果从数量和质量上减少地区人口差异，将对减少水足迹差异贡献24.32%。因此，控制黑河流域人口增长，提高人口素质，对缓解黑河流域水资源压力和地区差异具有重要的意义。

　　代表中游与上下游虚拟变量的地理因素对水足迹不平等的贡献处于第二的位置，占18.91%。由于地理因素蕴含着各地区之间自然生态环境的差异，这些环境包括模型中没能反映出的各地区特殊的气候、农业生产条件与国家长期的政策倾斜等。黑河流域中游与上下游所特有的不同的气候与农业生产条件不可能随时间而发生变化，即中游绿洲与上下游的山地荒漠的状况不可能改变。气候条件对人们生产生活产生重要的的影响，它们既不可交易，也无法移动。因此，气候将会长期影响黑河流域的水资源消费状况。农业生产条件对农作物生长同样具有重要的影响，通过改变局部农作物的生长条件来改善作物对水资源的消耗。

　　国家长期的政策对水资源的分配具有重大影响，黑河流域分水政策的实施，有利于缓解下游的用水矛盾，但同时使水资源短缺的中游用水矛盾更加突出，而且随着社会和经济的发展，这种状况更加严重。由于自然环境的不可改变性和政策的持续性，因此，地理因素在导致环境不平等中将扮演重要的角色。

居民家庭人均纯收入和家庭消费模式对环境不平等的影响具有相对重要的作用，分别占 12.21% 和 15.22%。由此，政府应优先考虑农村地区的信贷服务，更多地关注农村贫困人口。这类服务的提供对收入的增长和不平等的减少都有很重要的作用。黑河流域居民家庭消费结构多样性指数不高（农村居民多样性指数平均为 1.732，城市居民多样性指数平均为 2.161），有待进一步提高，合理改善农村居民消费结构，适当调整农产品的消费比重，减少水资源使用强度较大的粮食产品，增加水资源使用强度较小的鲜菜和瓜果，有利于减轻水资源的使用压力。需要说明的是，由于消费模式的内涵十分丰富，我们选择的替代指标可能过于简单，因此分解结果可能低估了对黑河流域水足迹差异的贡献。但遗憾的是目前还没有一个更好的方法来测度消费模式。

生活质量在环境不平等中同样起着一定的作用，对总差异的贡献为 7.73%。因此，在黑河流域，政策应更多地关注农村居民生活质量，特别是农村贫困家庭的生活质量，满足他们的基本生活需求。提高农村居民的受教育水平将显著地提高他们的生活质量。提高受教育水平不仅仅是增加知识和技能，它还会对提高居民的收入和就业等有非常明显的作用，尤其是大力发展能使广大农户受惠的基础教育，作用更明显。因此，提高农村地区的办学条件和师资力量是政策制定中不容忽视的。另外，在财政支出中增加农村教育支出的比例，同时应当对地区发展战略有重要作用的重点学校、重点学科和重点项目在保证资金的基础上，向基础教育和农村教育有所倾斜。

社会资本可以促进经济增长，改善人们的福利，社会资本不平等对环境不平等的贡献占 1.24%，说明社会资本对环境公平起着一定的作用。提高社会资本，减少社会资本的差异性，有助于改善环境不平等，提高环境利用效率。

从表 9-2 中可以看出，根据对基尼系数分解的结果，实证模型解释了超过 80% 的水足迹不平等，即所有变量对水足迹不平等的贡献占 81.41%，大于残差对总不平等的贡献（等于 18.59%），说明回归模型对总差异的解释能力较强。即使使用其他不平等指数来分解，例如，用泰尔指数分解，所有变量对不平等总量的解释程度虽然小一些，但仍超过了 70%。

## 第四节　环境差异调控对策建议

目前黑河流域环境差异性比较大，如果不加以控制，会增加社会的安全隐患，引发社会风险。根据前面的空间差异分解与夏普里值分解分析，我们知道要减少环境的差异性，需要从减少人口、收入、消费模式等方面差异性入手。根据前文的分析结果提出如下政策建议：

### 一、控制人口数量，提高人口素质

控制流域人口的数量，减少流域水资源紧张的压力，特别要控制流域中游地区人口对水资源承载的压力。人口数量的增加和老龄化等问题将给水资源的利用与保护带来许多新的困难和压力。一方面为解决吃住问题需要开垦更多的农田，建造更多的住宅，这将导致水土流失面积的扩大；另一方面老龄人口的增加将加重社会负担。虽然现行计划生育政策已经取得成效，人口自然增长率维持在较低水平，但由于人口基数较大，要使人口数量保持在水资源持续利用的一个合理的范围内，还需要继续加强计划生育工作。保障农村人口特别是农村贫困人口受教育的权利，需要完善现有的教育制度，减轻农村家庭人力资本投资负担，增加农村家庭资本积累，缩小农村与城市在人力资本上的差距。

### 二、改善区域经济条件，缩小区域差异

要改善各区域经济条件，缩小各区域在经济条件上的差异，在相关水资源管理政策的制定与执行时，应当充分考虑各区域经济条件的差异性。同时要给予各地区平等的经济发展条件，构建公平、合理的发展环境，努力实施区域社会经济协调发展战略。

### 三、改善农村信贷服务，增加农村居民的收入

第一，政府应优先考虑农村地区的信贷服务，提高农村居民收入，鼓励和支持农作物种植向节水型作物转换，降低作物单位产量的水耗。第二，政府应扩展更多的就业渠道，鼓励农民外出就业，减少农业人口的比重。有利于农业规模生产的形成，为农业集约化生产创造条件。第三，以中游灌区为重点，建立农业高效节水示范区，大力开展灌区配套改造，推广农业高新节水技术，优化渠系工程布局，减少平原水库，

合理利用地下水，适度发展井灌，调整产业结构，以水定产、定规模，积极稳妥地进行农、林、牧产业结构的战略调整。

**四、改善农村居民的饮食结构，合理消费**

在促进农村居民收入增加的同时，改善农村居民消费结构，适当调整农产品的消费比重，减少消费水资源使用强度较大的粮食、肉类产品，增加消费水资源使用强度较小的鲜菜和瓜果。

## 第五节　小结

本章结合 Shorrocks（1999）的夏普里值方法和回归解析技术分析黑河流域水足迹的不平等问题。通过研究发现，人口因素是导致水足迹不平等的主要因素。地理因素对不平等的影响居于第二的位置。收入和消费模式成为影响水足迹消费不平等的重要因素。社会资本对不平等的影响最小。在导致总的水足迹不平等的各种因素中，人口、地理因素、收入和消费模式对总不平等的贡献超过70%，对黑河流域水足迹消费差异起关键作用。因此，要减少水足迹消费不平等，首先应该从控制人口数量、提高人口素质方面着手。其次，要改善各区域经济条件，缩小各区域在经济条件上的差异，在相关水资源管理政策的制定与执行时，应当充分考虑各区域经济条件的差异性。同时要给予各地区平等的经济发展条件，构建公平、合理的发展环境，努力实施区域社会经济协调发展战略。再次，应努力改善农村信贷服务，增加农村居民的收入，来减少收入不平等；促进农村落后地区信息、通信与交通条件的改善，加大落后地区的财政教育转移支付力度，全面推进教育改革，努力缩小区域间教育水平差异。最后，改善农村居民的饮食结构，调整农产品的消费比重，减少消费水资源使用强度较大的粮食、肉类产品，增加消费水资源使用强度较小的鲜菜和瓜果。

# 第十章 黑河流域环境评价
# 与监管综合指标体系

　　上述章节内容，基于公平性理论，从流域居民家庭消费的角度，以水足迹作为评价指标，通过居民消费社会调查问卷设计及实地调查，获取了居民家庭消费数据，使用虚拟水方法计算了居民消费虚拟水，结合实体水消费，计算居民消费水足迹。通过不平等度量指标，明确了流域水环境影响存在不公平性，并分析了影响不平等的人文因素分别为：人口、收入和居民消费结构。它们是导致黑河流域水资源消费不平等的主要原因。

　　对于西北干旱区内陆河来说，水资源无疑是引发环境问题的主要因子，根本原因是水资源的短缺，并由此产生水资源分配过程中的不公平问题，经济活动与生态用水之间的矛盾，经济活动内部产生的矛盾等，进而引发其他的环境问题。因此，仅仅依靠上述从水资源数量分析解决流域的生态环境是远远不够的，需要建立更为全面的流域环境影响评价和监管综合指标体系，才能有助于从根本上解决黑河流域的环境问题。基于可持续发展理论和系统论的流域环境影响评价和监管指标体系构建，为判别环境问题及发展趋势，认识流域环境问题的成因，为流域可持续发展提供保障。

## 第一节　环境评价与环境监管指标体系相关研究进展

### 一、流域环境评价指标体系

　　中国对流域环境影响评价的理论研究与实践应用是随着《中华人民共和国环境影响评价法》的制定产生的。唐占辉（2005）等通过研究传统建设项目的环境影响评价工作的（Environment Impact Assessment，EIA）的不足，提出了流域开发建设规划环境影响评价报告的编制程序，并主要从属性、结构、功能三个方面构建了流域开发规划环境影响评价指标体系的框架；邹家祥（2007）等初步提出江河流域规划环评指标体系为水资源、土地资源、生态环境、水环境和经济社会 5 个方面；范红兵和周敬宣根据"驱动力—压力—状态—影响—响应"框架的思路，构建了流域规划环境影响评价可选指标集（范红兵等，2008）；邹家祥（2011）等结合相关研究和实践进一步阐述了流域环评的总体思路、评价目标与评价指标体系等。部分学者针对水电规划、防洪规划、水利规划等各类流域开发建设专项规划的环境影响评价指标体系也开展了研究，尤其是在水电梯级开发规划环评的指标体系方面进行了较多的研究和探讨。顾洪宾（2006）等从我国近年来开展水电梯级开发规划环评研究和实践工作中，初步归纳出了河流水电规划评价的指标体系；薛联芳等（2007）以实现可持续发展为目标，根据流域水电开发规划实施后可能带来的不良环境影响，提出了水电规划环境影响评价指标体系（陈庆伟等，2007；周永红等，2008；李友辉等，2010）；吴佳鹏和陈凯麒给出了流域水电规划环评指标体系框架（刘清慧等，2008）。

综上所述，我国流域综合规划环境影响评价工作起步较晚，研究还处在探索阶段，流域综合规划环境影响评价还存在很多不足。我国大多数的流域规划环境影响评价技术方法都是采用通用的规划环境影响评价技术方法进行评价，不能充分考虑流域综合规划尺度和流域资源环境差异，对流域规划实施后对流域产生的整体性、长期性及累积性环境影响的关注较少，并且对于流域综合规划环境影响评价没有一套统一的指标体系，致使不同流域环境影响评价指标体系没有可比性，迫切需要建立一套适合于我国流域环境影响评价的指标体系。

## 二、环境监管指标体系

在目前国外学者对监管的研究中，对公用事业的政府监管进行研究的较多，而针对水环境进行政府监管研究的较少。对监管的研究，始于英语国家（主要是英国和美国）从经济学和法学角度进行的研究（朱炯宸，2008）。英文的"regulation"或"regulatory constraint"，在中文中有"监管""管制"和"规制"三种通常的译法。监管一般是指在市场失灵的情况下政府对参与市场交易的各市场主体的行为进行的直接干预。也可以广义地理解为政府对人类生产活动和生活方式的直接干预，涉及市场和政府的关系、个人自由与政府权力等基本问题（Sunstein and Cass，1990；Webb et al，1998）。经济学家们将其借用于政府对市场经济活动实施的管理，称作政府监管或政府管制，是政府所实施的一种与宏观调控相对应的、对微观经济主体直接管理和节制的行政行为（Viscusi，1995）。但是在对其概念的理解上，学者们的表述存在差异：

卡恩认为监管的实质是政府命令对竞争的明显取代，通过政府的直接规定如价格决定、服务条件及质量规定以及在合理条件下服务客户时应尽义务的规定等，以企图维护良好的经济绩效（Laffont，1993；丹尼尔，2003）。日本产业经济学家植草益（1992）把政府监管限定在限制行为上，认为政府监管是在以市场机制为基础的经济体制条件下，以矫正、改善市场机制内在的问题（广义"市场失灵"）为目的，政府干预和干涉经济主体（特别是企业）活动的行为。根据国外学者对监管的定义可知，政府监管包括监管主体（政府）、监管对象（基础设施或公共事业企业）及监管内容（对企业的某些行为进行控制）等三个基本要素。

目前国内的学术研究中，直接以水资源作为监管对象进行研究的较为薄弱，不仅是有关的论著少，而且也很少涉及对该概念的讨论和阐述，仅有较少的一些经济学家对公用事业的政府监管进行讨论。同时对政府监管中取得的经验及遇到的问题进行的讨论很少，缺乏水污染治理设施的政府监管。就笔者掌握的资料看，目前国内对于监管的研究主要有以下一些成果。

中国经济学家成思危（2008）指出："监管是政府运用控制权通过行政机构和行政法规对市场进行干预，以求达到纠正市场失灵，提高经济效益的目的。"王俊豪（2001）认为，管制"是政府通过一定的管制政策和措施，建立一种类似于竞争机制的刺激机制，以限制垄断性企业的经济决策"；同时政府规制是一种特殊的公共产品，其主体是政府，客体是各类经济主体，实现监管的主要依据和手段是政府制定的各项规则和制度（建设部，2004；王俊豪，1999，2001）。余晖则对监管给出了比较通俗的解释，即监管是指政府的许多行政机构，以治理市场失灵为己任，以法律为依据，以大量颁布法律、法规、规章及裁决等为手段，对微观经济主体的不完全公正的市场交易行为进行直接的控制和干预（刘琳，2007）。

国内在基础设施市场化方面进行监管的研究起步相对较晚，90年代以来国家推广BOT（建设—经营—转让）等多种方式进行招商引资后，学者才开始对这方面进行研究，对市场化中的政府监管行为进行研究较多的是北京天则经济研究所。例如张曙光指出，政府的监管通过制定和实施有效的法规，不仅可以对市场的运行施加影响，而且可以促进竞争和发展创新及防止垄断权力的滥用，进而使市场的运行更有效率（张曙光，2004）；而曹远征指出对于与基础设施相关的市政公共行业，所谓政府监管是指政府建立相应的法律法规，通过有关监管部门采取措施要求接受监管的企业履行规定的义务，同时也赋予或保障这些企业拥有相应的权利（曹远征，2003）。王俊豪从基础设施的经济特性对政府管制进行分析研究，系统总结了监管经济学，通过介绍国外对电力、电信和自来水等基础设施的管制理论与实践，提出了对我国此类产业改革的建议，如政企分离是规范政府监管的前提，法律制度是监管的基本准则等，但却没有对我国经过改革后的政府监管职能发生的变化及监管中存在的问题进行深入讨论（王俊豪，1998，2000）。中国社会科学院监管问题研究专家张昕竹（2002）对污水处理行业的政府监管行为进行了探讨，分析了现有监管体制存在的问题及监管改革的法律框架等，提出了有针对性的政策建议。

通过国内外研究现状可以看出，尽管目前各个行业对政府监管还没有形成统一的认识，但其基本内涵是一致的，即监管是指具有合法监管权力的机构，依照法律法规对被监管者实行的一系列的监督管理的行为。由此可以看出，监管包括三个要素：①监管主体，指具有合法监管权力的政府机构；②监管对象，指对环境产生影响的各类市场主体，即对环境产生影响的企业或个人，一般认为，监管对象并不是企业或个人本身，而是指企业或个人在污水处理事业中的经营行为；③监管行为，是指监管主体在对监管对象进行监管的过程中依法做出的各种行为。

## 第二节　流域环境评价和监管综合指标体系构建的原则和依据

### 一、环境评价与监管综合指标筛选原则

**1.科学性原则**

流域环境影响评价与监管指标体系要建立在对流域环境科学分析的基础上，能反映流域环境影响评价和监管的内涵和目标要求。能够明确指标概念，只有指标概念明确才能充分反映评价中流域综合规划实施后环境影响和监管的程度。

**2.整体性原则**

黑河流域环境影响监管评价需要兼顾流域开发建设活动中已经出现的和可能产生的各种环境问题，需要协同考虑各个行业部门的开发建设行为可能对自然因素，特别是对水资源产生的影响，因此必须从整体上认识和解决各种环境影响问题。

**3.层次性原则**

为了使指标体系结构清晰，既能反映全局性的影响，又能反映具体的某个影响，需要根据指标的内涵和特点对指标体系进行分层，一般指标层次越高越能反映全局性环境影响与监管，指标层次越低反映的环境影响和监管越具体。

4.可操作性原则

在选取指标时应尽可能确定具有代表性、敏感性和综合性的指标，数据、资料易于获取，对环境影响和监管程度具有明显的可度量性，并有利于生产和管理等部门掌握和操作。

5.定量、定性相结合原则

由于流域环境影响评价与监管涉及的面比较广，在可操作的情况下应尽可能采用定量评价指标，可以在数值上比较直观观察影响和监管的程度，但有些指标很难量化，可以采取定性描述。

6.动态性原则

由于流域环境影响评价和监管贯穿于流域整个经济活动中，时间跨度比较大，加上流域环评的复杂性及动态性特征，在评价过程中应不断地修正指标体系，来满足评价要求。

7.公众参与原则

广泛的公众参与能准确地反映流域决策对可持续发展的影响，降低相关问题和信息被遗漏的可能性，使决策过程更科学更民主，同时也能提高政府决策效率、公众的环保意识和责任感。

在全面调研国内外流域环境影响评价与监管相关研究的基础上，通过典型流域环境影响与监管的调查，识别和筛选影响黑河流域重大生态环境影响与监管的主要因素，探索影响流域环境与监管的关键制约因素。

## 二、流域环境评价与监管综合指标构建依据

1.可持续发展理论

可持续发展理论就是将环境、社会、经济作为一个整体，在当今鼓励发展社会时，要以保护环境为基础，做到经济、社会、环境协调发展。流域环境影响评价与监管就是用来衡量和监督规划方案是否符合可持续发展的依据，所以在指标体系构建时要始终贯彻可持续发展理论，才能对规划实施后产生的环境影响做出客观评价，才能对规划方案提出科学、有效的对策。

2.系统理论

流域作为一个社会—经济—自然复合生态系统，是一个具有特定功能和结构的复杂系统。从系统的角度构建流域水资源评价监管指标体系是行之有效的，对系统理论的探讨和分析为构建水资源监管体系提供了理论基础。水资源评价监管指标体系的基本功能和结构，规定和制约着监管指标的范围和性质，同时其结构和功能是既对立又

统一的，为不断完善评价监管指标体系提供了动力。水资源评价监管体系的系统理论，为认识和不断完善水资源监管体系提供了非常宝贵的理论和思路。

3.水利部"三条红线"和环保部生态红线控制要求

水利部确立的"三条红线"包括水资源开发利用控制红线、水功能区限制纳污红线、用水效率控制红线，环保部提出的生态红线包括环境质量安全底线、生态功能保障基线、自然资源利用上线，其目的就是着力改变当前水资源利用过度开发、用水浪费、水环境污染严重等突出问题，使水环境和生态系统得到有效的保护。在进行流域环境影响与监管评价时要充分考虑水利部"三条红线"和环保部生态红线控制要求。

# 第三节　黑河流域环境评价与监管综合指标体系构建

黑河流域环境影响与监管指标体系的建立是为了将抽象的环境影响转化为对环境变化具有敏感性的指标，同时还要便于监管，按照各个指标所受影响程度和监管的便利性来构建指标体系，为后续环境影响预测和评价工作的深度提供依据，从而更好地协调流域资源环境关系、合理调整产业布局，完成流域内环境可持续发展战略。

## 一、黑河流域环境评价与监管综合指标体系构建方法

黑河流域环境评价与监管综合指标体系是由若干具有层次性和结构性的指标构成的有机整体。本研究结合系统论的理论与方法，主要采取以下方法来选取监管指标：

1.理论分析法

所谓理论分析法，就是对客观现象进行定性分析，梳理归纳其一般特性，并在高度概括的基础上，提出理论性的可能。本研究在综合分析流域环境影响评价与流域环境监管的基础上，梳理归纳环境影响和环境监管指标的特征，并提出了理论上可行的环境评价和监管指标。

2.成果借鉴法

一是借鉴相关政策文件规定的硬性指标，如水利部"三条红线"和环保部生态红线控制要求设定的指标，流域综合规划环境影响设定的指标；二是借鉴相关文献关于流域环境影响评价和监管的指标设置。

## 二、黑河流域环境评价与监管综合指标体系构建

根据2012年5月编制的《黑河流域综合规划环境影响报告》，明确了黑河流域综

合规划的主要任务是：全面分析总结近期综合治理的成效、经验和存在问题，研究提出黑河流域治理、开发、保护的总体布局；开展水资源供需平衡分析，提出不同水平年水资源配置方案和流域水量分配意见；进一步完善灌区节水改造、节水型社会建设、地下水利用与保护、饮水安全、水土保持等规划；提出黑河干流梯级电站的工程布局和工程规模及时序；提出中游生态建设内容以及东居延海生态系统恢复方案。

基于《黑河流域综合规划环境影响报告》，确定流域环境影响评价和监管的主要任务是水资源利用、节水、生态修复和水土保持、水资源保护等四方面内容。

从可持续发展原则、系统性、水利部"三条红线"和环保部生态红线控制要求出发，在现有流域环境影响评价和监管的实践经验基础上，对已有流域环境影响评价指标体系和流域水资源监管指标体系研究文献中的指标进行收集，采用系统分析方法，基于环境保护目标要求，充分考虑流域尺度和资源环境特点的差异，体现指标体系的普适性和差异性，提出黑河流域环境影响评价和监管指标体系。指标体系围绕生态修复和水土保持、水资源开发利用、节水、水安全保障四个主题来构建，见表10-1。

**表10-1 黑河流域环境评价与监管综合指标体系**

| 目标 | 准则层 | 子准则层 |
|---|---|---|
| 黑河流域环境评价与监管综合指标体系A | 生态修复与水土保持B1 | 最小生态需水量C1 |
| | | 天然河段长度占流域河段总长度的比例C2 |
| | | 绿洲生态恢复规模比例C3 |
| | | 河流连通性C4 |
| | | 水土流失治理率C5 |
| | 水资源开发利用B2 | 水资源开发利用率C6 |
| | | 农田灌溉水利用系数C7 |
| | | 万元GDP用水量C8 |
| | | 万元工业增加值用水量C9 |
| | 节水B3 | 高新节水灌溉面积C10 |
| | | 支渠系衬砌率C11 |
| | | 退耕还林还草面积C12 |
| | | 工业水重复利用率C13 |
| | | 工业污水达标排放率C14 |
| | | 城镇污水处理厂中水回用率C15 |
| | 水安全保障B4 | 村镇饮用水卫生合格率C16 |
| | | 水环境功能区水质达标率C17 |
| | | 流域地下水开采系数C18 |

### 三、评价指标含义

根据流域环境评价与监管的特点及指标体系构建的原则，本研究构建的指标体系中包括定性指标和定量指标。定量指标一般是根据国家统计年鉴、黑河流域环境质量公报、黑河流域综合规划等相关的统计资料和规划直接获取或者计算得到；定性指标的确定主要是通过专家打分法或者资料查询法对指标进行赋值。

#### 1.生态修复与水土保持

黑河流域生态修复与水土保持主要包括上游的水源涵养、下游的生态修复工程和整个流域的水土保持工程。另根据《国家生态保护红线—生态功能基线划定技术指南（试行）》和生态文明的要求，提出本研究的4个红线指标：最小生态需水量、天然河段长度占流域河段总长度、水功能区水质达标率、水资源开发利用率均可定量化、可计算，可以满足红线指标的一般要求。这里水功能区水质达标率属于水安全方面指标，水资源开发利用率属于水资源利用方面指标。因此确定生态修复与水土保持方面5项指标：最小生态需水量，天然河段长度占流域河段总长度的比例，绿洲生态恢复规模比例，河流连通性和水土流失治理率。

（1）最小生态需水量

最小生态需水量是指用来维持流域生态系统水分平衡所需的水量，在流域综合规划中，最小生态需水量指水利枢纽建设和运行期间应不间断地下放一定水量，满足流域生态环境需求的水流流量。根据水利部发布的建设项目水资源论证导则（SL322—2013）规定，北方干旱地区最小生态需水量取多年平均径流量的30%。

（2）天然河段长度占流域河段总长度的比例

定义：流域主要干支流保留一定比例的天然河段，能够为重要保护鱼类提供生存环境，天然河段长度比例是控制流域开发的重要指标。计算方法：天然河段长度占流域河段总长度的比例即为该指标值。

（3）绿洲生态恢复规模比例

指下游额济纳旗现有绿洲面积与20世纪80年代中期绿洲规模比值。反映自分水以来，下游绿洲修复的情况。

（4）河流连通性

河流连通性反映流域综合规划工程建设带来的对河流阻隔的影响，其指标定义为横跨河流断面水利工程（通常为坝）的数量与河流长度的比值。

（5）水土流失治理率

水土保持规划措施包括的内容较多，水保林、防风固沙林、种草、护坡、沟头防护等，为便于评价和监测，这里用水土流失治理率指标度量。其通常指某区域范围某时段内，水土流失治理面积除以原水土流失面积，是一个百分比值。

2.水资源开发利用

（1）水资源开发利用率

水资源开发利用率主要以地表水资源开发利用率来衡量，计算方法为地表水资源的供水量与地表水资源量的比值。

（2）农田灌溉水利用系数

灌溉水利用系数是指在一次灌水期间被农作物利用的净水量与水源渠首处总引进水量的比值。它是衡量灌区从水源引水到田间作用吸收利用水的过程中水利用程度的一个重要指标，也是集中反映灌溉工程质量、灌溉技术水平和灌溉用水管理的一项综合指标，是评价农业水资源利用，指导节水灌溉和大中型灌区续建配套及节水改造健康发展的重要参考。

（3）水资源利用效率

提高水资源利用效率，特别是农业水资源利用效率，通过万元GDP用水量、万元工业增加值用水量这两个指标来反映。

3.节水方面

（1）农业节水

黑河流域农业节水指标主要包括支渠系衬砌率、高新节水灌溉面积占比和退耕还林还草面积。支渠系衬砌率这里用支渠衬砌长度占支渠总长度的比值来表示；高新节水灌溉面积占比指管灌和喷微灌面积占流域高新节水灌溉面积比；退耕还林还草面积，主要指灌区末端水利条件较差的地区实施退耕，这些区域水利用率较低，同时退耕还林还草能够推动生态建设。

（2）工业和城镇生活节水

工业节水通过工业水重复利用率、工业污水达标排放率和城镇污水处理厂中水回用率三项指标来反映。

4.水安全方面

（1）村镇饮用水卫生合格率

村镇饮用水卫生合格率是指通过自来水厂获得饮用水的村镇人口占村镇总人口的百分率。

（2）水环境功能区水质达标率

指达标的水环境功能区个数占水环境功能区总数的比例，要求河流湖库水功能区、饮用水源水质达标。

（3）地下水开采系数

地下水开采系数是用于地下水潜力评价的一个标准。对地下水潜力的评估一般采用"开采程度"的概念，以采补平衡为基础，即地下水开采系数等于地下水开采量除以可开采资源量。如果开采系数为1，说明达到平衡，这一地区的地下水潜力为零。根据这一概念，一般认为开采系数小于0.3为潜力巨大地区，开采系数大于1.2为严重超采区。

## 四、确定指标权重

为了反映不同指标值在黑河流域环境影响评价与监管综合指标体系中所占比重不同，使指标体系评价结果更接近实际，本研究采用多目标属性决策的层次分析法（AHP）。对评价指标赋权重，具体步骤如下：

第一步：根据黑河流域综合规划确定总目标，然后确定目标的准则及备选方案，根据表10-1确定的指标体系，建立分层结构的指标体系模型。

第二步：由于构建的指标体系中指标数量很多，每个指标层指标数量也不相同，专家凭借主观经验进行赋值也很困难。因此，专家通过两两比较的方法来确定同一组内的元素相对于所隶属的上一层次元素的权重。

第三步：计算单一准则下的元素相对权重。其本质是确定权函数，为避免评价依据失真，需进行一致性检验。

第四步：计算各层元素的组合权重，同时也要进行一致性检验。

由于要对多位专家的权重评价意见进行汇总合成，这实质上是将层次分析法用于群体决策。本研究对两两判断矩阵构建方法具体为：先收集10位专家的两两判断矩阵，逐一检验每个专家的每个判断矩阵的一致性，以保证整个数据的有效性，然后再整合成一个两两判断矩阵，然后计算各个评价指标的决策权重。

## 五、评价监测标准确定

由于环境影响评价与监管指标起步较晚，需要的评价指标数据比较多，有些评价指标没有专门的评价标准，现拟订几项原则供参考：

第一，尽量采用国家、行业、地方标准或国际标准规定的标准值；

第二，参考国内外具有良好特色的现状值作为标准值；

第三，通过专家咨询、公众调查等方法确定流域环境影响评价与监管指标标准值；

第四，针对流域综合规划目标，确定理想的标准值；

第五，参考流域规划实施的现状值，做趋势外推，确定标准值；

第六，对于一些生态评价指标可选择生态环境背景值作为评价标准值。

## 六、评价指标的规范化处理

根据指标含义不同，通常分为正评价指标、适度评价指标和逆评价指标，正评价指标指标值越大说明产生的环境影响越小，逆评价指标则相反，而适度指标值在某个合适值为最佳状态。为了使各个指标之间具有可比性，对指标体系的各个评价指标进行无量纲化处理，具体计算公式见式（10-1）和（10-2）。

正评价指标：当 $S_i < C_i$ 时，

$$X_i = \frac{S_i}{C_i} \tag{10-1}$$

逆评价指标：当 $S_i \leqslant C_i$ 时，$X_i = 1$

$$X_i = \frac{C_i}{S_i} \tag{10-2}$$

式中：$X_i$ 为指标无量纲化评价值；$S_i$ 为某一指标的现状值（或规划值）；$C_i$ 指该指标的理想值；

适度指标：先根据适度值对其修正得到一个新的指标 $|S_{ij}-k|$，变成一个逆评价指标，再对其进行无量纲化处理。

## 七、综合评价值的计算方法

综合评价最常采取的方法是综合指数法，评价步骤如下：首先，对指标体系的各个指标进行无量纲化处理；其次，对评价指标赋权重值；最后，计算综合评价指数，计算方法见公式（10-3），再根据综合评价指数分级判断制定的流域综合规划是否符合可持续发展要求。

$$I = \sum_{i=1}^{n} W_i X_i \tag{10-3}$$

采用线性加权和法获得的综合指数为：其中 $I$ 为综合评价指数；$W_i$ 为权重值；

$X_i$ 为指标无量纲化后的评价值。

## 八、综合评价指数分级

根据相关研究中综合评价指数分级方法，本研究将流域综合规划环境影响评价综合评价指数分级标准设为四级，具体对应表如表10-2所示。

**表10-2 综合评价指数分级标准(李竺霖,2013)**

| 综合评价指数 | > 0.9 | 0.89~0.8 | 0.79~0.7 | < 0.7 |
|---|---|---|---|---|
| 评价结果 | 高可持续 | 中可持续 | 低可持续 | 非可持续 |

# 第四节 黑河流域环境评价与监管综合指标应用过程

## 一、评价指标体系权重的确定

根据黑河流域综合规划环境影响报告中的规划重点内容，确定以黑河流域可持续发展为目标层，生态修复与水土保持、水资源开发利用、节水和水资源安全保障四个二级指标作为控制层，最小生态需水量、天然河段长度占流域河段总长度的比例、绿洲生态恢复规模比例、水土流失治理率、水资源开发利用率等18个评价和监测指标为指标层。具体环境影响评价与监管指标体系见表10-1。

采用层次分析法对表10-1中流域综合规划环境影响评价指标体系中控制层和指标层进行权重赋值。首先，10位专家对指标体系中的各项指标通过两两比较法进行重要性打分，构造出判断矩阵，然后采用SPSS软件对判断矩阵进行处理，并计算出各项指标的权重。

通过层次分析法对各指标权重进行计算，其权重计算结果如下：

**表10-3 A-B层判断矩阵及计算结果**

| A | B1 | B2 | B3 | B4 | $W_i$ |
|---|---|---|---|---|---|
| B1 | 1 | 2 | 2 | 1/2 | 0.2845 |
| B2 | 1/2 | 1 | 1 | 1/2 | 0.1552 |
| B3 | 1/2 | 1 | 1 | 1/3 | 0.1466 |
| B4 | 2 | 2 | 3 | 1 | 0.4138 |
| C.R.=0.0648<0.1,通过一致性检验 | | | | | |

表10-4  $C-B1$ 的判断矩阵与权重表

| $B1$ | $C1$ | $C2$ | $C3$ | $C4$ | $C5$ | $W_i$ |
|------|------|------|------|------|------|-------|
| $C1$ | 1 | 3 | 3 | 2 | 1 | 0.3315 |
| $C2$ | 1/3 | 1 | 1/2 | 1 | 1/2 | 0.1105 |
| $C3$ | 1/3 | 2 | 1 | 2 | 1 | 0.2099 |
| $C4$ | 1/2 | 1 | 1/2 | 1 | 1/2 | 0.1160 |
| $C5$ | 1 | 2 | 1 | 2 | 1 | 0.2320 |
| $C.R.=0.0695<0.1$，通过一致性检验 | | | | | | |

表10-5  $C-B2$ 的判断矩阵与权重表

| $B2$ | $C6$ | $C7$ | $C8$ | $C9$ | $W_i$ |
|------|------|------|------|------|-------|
| $C6$ | 1 | 1/2 | 1/3 | 1/2 | 0.1176 |
| $C7$ | 2 | 1 | 1/2 | 2 | 0.2773 |
| $C8$ | 3 | 2 | 1 | 2 | 0.4034 |
| $C9$ | 2 | 1/2 | 1/2 | 1 | 0.2017 |
| $C.R.=0.0597<0.1$，通过一致性检验 | | | | | |

表10-6  $C-B3$ 的判断矩阵与权重表

| $B3$ | $C10$ | $C11$ | $C12$ | $C13$ | $C14$ | $C15$ | $W_i$ |
|------|-------|-------|-------|-------|-------|-------|-------|
| $C10$ | 1 | 2 | 3 | 1 | 2 | 2 | 0.2630 |
| $C11$ | 1/2 | 1 | 1 | 1/2 | 1/2 | 1/2 | 0.0956 |
| $C12$ | 1/3 | 1 | 1 | 1 | 1/2 | 1/2 | 0.1036 |
| $C13$ | 1 | 2 | 1 | 1 | 1/2 | 1 | 0.1554 |
| $C14$ | 1/2 | 2 | 2 | 2 | 1 | 1 | 0.2032 |
| $C15$ | 1/2 | 2 | 2 | 1 | 1 | 1 | 0.1793 |
| $C.R.=0.0791<0.1$，通过一致性检验 | | | | | | | |

表10-7  $C-B4$ 的判断矩阵与权重表

| $B4$ | $C16$ | $C17$ | $C18$ | $W_i$ |
|------|-------|-------|-------|-------|
| $C16$ | 1 | 2 | 2 | 0.50 |
| $C17$ | 1/2 | 1 | 1 | 0.25 |
| $C18$ | 1/2 | 1 | 1 | 0.25 |
| $C.R.=0.0445<0.1$，通过一致性检验 | | | | |

## 二、指标体系应用结果分析

流域环境状况不仅是环境变化的过程，而且是环境变化的结果，其评价必须基于某一确定的参照点，即评价标准。但是指标体系中还存在暂时没有标准值或者参考值的主观性指标，这种指标只能进行定性分析，先采用专家打分法或者问卷调查的方法，确定相应的评分标准，根据人们的定性评价，对其进行量化，得出该指标的评价值。将各指标评价值与各个指标权重进行结合，计算各指标的加权评价值，并得到黑河流域环境影响与监管指标体系评价结果，结果见表10-8。

表10-8 2010年黑河流域环境影响与监测评价值和综合评价结果

| 目标 | 准则层 | 评价指标 | 评价值 | 加权评价值 |
|---|---|---|---|---|
| 黑河流域环境影响评价与监管综合指标体系A | 生态修复与水土保持B1 | 最小生态需水量C1 | 1 | 0.332 |
| | | 天然河段长度占流域河段总长度的比例C2 | 1 | 0.111 |
| | | 绿洲生态恢复规模比例C3 | 0.949 | 0.199 |
| | | 河流连通性C4 | 0.941 | 0.109 |
| | | 水土流失治理率C5 | 0.812 | 0.188 |
| | 水资源开发利用B2 | 水资源开发利用率C6 | 1 | 0.118 |
| | | 农田灌溉水利用系数C7 | 0.724 | 0.201 |
| | | 万元GDP用水量C8 | 0.517 | 0.209 |
| | | 万元工业增加值用水量C9 | 0.425 | 0.086 |
| | 节水B3 | 高新节水灌溉面积C10 | 0.526 | 0.138 |
| | | 支渠渠系衬砌率C11 | 0.52 | 0.050 |
| | | 退耕还林还草面积C12 | 0.45 | 0.047 |
| | | 工业水重复利用率C13 | 0.467 | 0.073 |
| | | 工业污水达标排放率C14 | 0.53 | 0.108 |
| | | 城镇污水处理厂中水回用率C15 | 0.28 | 0.050 |
| | 水安全保障B4 | 村镇饮用水卫生合格率C16 | 0.874 | 0.437 |
| | | 水环境功能区水质达标率C17 | 0.861 | 0.215 |
| | | 流域地下水开采系数C18 | 0.649 | 0.162 |
| | 黑河流域环境影响与监管综合评价结果 | | | 0.767 |

从表10-8评价结果可知，黑河流域环境影响与监管综合评价值为0.767，根据表10-2综合评价指数分级标准，黑河流域环境影响与监管处于低可持续发展阶段。具体表现在流域生态修复与水土保持、水安全保障方面评价值较高，水资源开发利用和节水方面评价值较低。生态修复与水土保持、水安全保障方面评价值较高的原因一方面

是中游对下游足额分水保证了额济纳旗生态恢复，流域生态状况得到改善；另一个方面，农业是流域国民经济的支柱产业，农业产值占国民生产总值的56%，农业用水占流域总水资源量的78%，水资源安全状况较好。水资源开发利用和节水方面评价值较低主要原因是农业作为支柱产业，水资源利用效率较低，高效节水灌溉设施普及率不高。

当前来看，虽然黑河流域下游额济纳旗生态得到恢复，但中游经济活动对生态用水的挤占，导致中游生态环境的恶化，如地下水位下降和局部林带减少等问题。如何平衡经济活动与生态用水之间的矛盾，仍然是黑河流域面临的主要问题。

## 第五节　黑河流域水资源管理对策

基于系统性和可持续理论的黑河流域环境评价与监管指标体系的构建，为流域进一步明确评价内容和监管任务提供了依据，也解决了评价和监管指标不一致所产生的混乱和矛盾。流域环境影响评价和监管指标体系的一致性为流域监管工作提供便利，并提高工作的效率。尽管有了统一的评价监管指标体系，但要真正解决流域的水资源问题，还需要从制度层面进一步健全和完善。

当前在黑河流域水资源管理中存在的主要问题有：缺乏统一有效的全流域水资源管理机制；缺乏有效的初始水权分配机制；缺乏严格有效的水资源监管和执法体系；缺少市场化的流域内区域间水资源协调利用机制等。而这些问题的产生与区域水资源管理目标不明、管理体制不健全、管理部门间缺少沟通合作有很大关系。为了进一步提高黑河流域水资源管理水平，合理调配流域水资源，急需建立统一的流域管理体系，完善流域管理机构职能，健全流域水资源一体化管理制度，对全流域实施统一的水资源管理。

### 一、基于整体性的黑河流域水资源管理的目标与任务

当前黑河流域水资源管理的主要目标包括：保证流域内各区域的生活用水，协调生产、生态用水；流域水资源合理分配；流域水资源高效利用。

1.保证流域内各区域生活用水，协调生产、生态用水

我国《水法》第二十一条规定，"开发、利用水资源，应当首先满足城乡居民生活用水，兼顾农业、工业、生态环境用水以及航运等需要"。该规定明确了我国水资源开发中的侧重点，强调保证生活用水的重要性。在优先保证生活用水的前提下，要

兼顾生态和生产用水，其中生态环境用水主要指林地、草地、水生物、城市绿地等保持生态环境状态的直接需水量。生产用水是"三生"用水中占比最大的部分，也是人类社会经济系统对自然水循环系统影响最大的因素，为区域提供充足的生产用水是保证区域可持续发展的基本前提。生活用水是居民生活的最基本的物质基础，必须得到保障。在此基础上，要协调流域内各区域间和区域内部的生产和生态用水，在可用水量有限的情况下，平衡生态保护与经济发展的关系，在保护生态环境不受破坏的同时促进区域经济可持续发展。

2. 水资源合理分配

水资源量分配是引起黑河流域中下游区域间水事矛盾的主要原因。我国《水法》第二十条规定，"开发和利用水资源，应当兼顾流域上下游、左右岸和地区之间的利益，充分发挥水资源的综合效益"。对全流域水资源进行合理分配，必须建立明确的区域水权制度。区域水权指特定行政区域内水资源的使用权，及由此衍生出来的其他相关权利的总和。无论过去、现在或是将来，区域作为相对独立的行政区划，在国民经济中发挥着重要的作用，因此基于区域对水资源进行合理分配是十分必要的。针对同一流域的不同区域，应当根据各区域的不同情况合理分配区域初始水权，将采用水权力按照区域进行合理分配。在此基础上，构建区域水权交易平台，规范水权交易机制，鼓励以水资源高效利用为前提的水权交易，推进水权在区域间合理流通。

3. 流域水资源高效利用

提高水资源使用效率，增加单方水产出可以有效缓解水资源供给压力，同时有助于提高区域人均收入。农牧业是黑河流域的支柱产业，农业用水占黑河流域总用水量的80%以上，同时该区域二、三产业较为薄弱，这导致了区域内水资源利用效率较低，该地区单方水产出效率远低于全国水平。对于黑河流域而言，在灌区和农田尺度上实现水资源的高效利用，在区域尺度上进行水资源的合理配置，提高单方水产出效益，才能从根本上解决以有限的水资源支撑经济发展，保证区域生态安全。因此需要对黑河流域中游各社会经济行业的用水效率和水资源在社会经济系统中的消耗途径进行分析，据此优化水资源在社会经济系统各行业间的配置。结合区域实际情况，大力发展节水农业，同时对水资源投入产出效率较高的行业加大扶持力度，通过产业结构调整和技术革新促进流域水资源利用效率的提高。

## 二、黑河流域整体性水资源管理的组织构建

构建合理的流域管理机构是流域综合治理的核心内容。不同的流域，水文地质特

点条件、历史文化背景等自然、人文因素千差万别，因此应当针对流域特征构建具有针对性的流域水资源管理机构。

在实际的水资源管理中，行政区管理仍然是主导模式。同时水资源管理涉及的部门众多，"多龙共管"的局面造成水资源管理的诸多乱象，这正是黑河流域水资源管理的主要问题之一。

1.黑河流域整体性水资源管理机构的职能

黑河流域水资源管理的核心问题是合理配置流域水资源及协调相关利益，并合理分配水资源保护的公共费用的负担和公共投资。流域管理的任务就是理清各种利益关系，调和各种利益冲突，实现"流域—区域"各利益之间的平衡。从另一个角度，也可以看作是实现以流域为中介的不同区域之间利益的平衡。在流域管理机关实施要素管理的一体化和功能配置的一体化，实现水环境资源与经济、社会发展决策的协同化。

具体来讲黑河流域管理局主要负责水资源统一管理、调度，组织开展流域水资源开发和保护规划的编制工作，对流域未来一年水量进行预测，根据预测结果编制水量分配方案和年度用水计划；根据流域内各区域的实际情况编制黑河流域水资源利用公报；负责流域内主要水文站点的正常运行与监督管理工作，对流域内主要节点的水质、水量实施监测，监督、检查流域内各区域黑河分水计划的执行情况；流域内的重要水利工程审查、协调和实施；协调处理流域内各区域间的水事纠纷；促进市场化的水资源分配协调机制建立，构建流域尺度的水权交易市场，促进流域内区域间的水权转让等工作。

2.黑河流域整体性水资源管理机构的组织与功能

为实现流域综合统一管理，需建立负责全流域水资源管理决策、执行、监督的流域水资源管理机构组织。该机构组织应当包括流域水资源管理决策部门、流域水资源管理实施部门和黑河流域水资源管理监督部门。各部门在统一领导的前提下，职权分离对流域水资源实行全面管理。

流域水资源管理决策部门。流域决策部门是流域管理的决策机构和最高权力机构。主要职能是规划全流域的分水方案和各行政区域的用水方案，制定相关水资源管理政策包括生态补偿政策、水权交易政策等等。

流域水资源管理实施部门，是流域管理相关决策的具体执行部门，其构成包括执行机构、监测机构、信息机构等。主要职能是负责流域内具体的水事活动，这其中包括对全流域水质、水量的监测，相关信息的及时发布，各区域水利工程的论证与实施等。流域内各市、县水资源管理部门和环保部门只负责流域执行机构下达的水资源利用方案的具体实施。

流域水资源管理监督部门，是独立设置的监督部门，主要职能是监督决策部门和实施部门执行国家法律法规和流域决策机构制定的政策、规划，同时监督流域内行政区对分水方案和用水方案的执行情况，并对执行中存在的问题进行处罚。

同时，需要在三个部门间建立协调机制，定期进行沟通。三个部门在职能方面各司其职，决策部门制定相关政策和方案，由实施部门负责执行，实施部门在执行过程中将具体情况反馈给决策部门，以供决策部门参考修改相关政策，形成良性反馈。监督部门则负责对决策部门和实施部门进行有效监督，促进各部门高效运转。此外，流域水资源管理机构的人员构成应由各利益相关区域选拔人员共同组成，以便于针对性地制订计划，采取措施。流域管理机构主要针对流域内区域间的水量进行分配，对于流域内区域内部的水资源管理问题，流域水资源管理结构可以指导、监督各区域水资源管理部门进行处理。

### 三、黑河流域整体性水资源管理的服务与管理方式

整体性管理的观念强调在政府主导的前提下，管理职能、职权一体化，管理服务多样化、民主化、科学化。这里的一体化并非垂直的自上而下的管理途径一体化，更多是强调管理目标和利益导向的统一性。当前地区政府依旧是水资源管理的行政主体，完全由流域管理部门进行水资源垂直管理是不现实的。因此，一体化双规制的水资源管理方式是较为合理高效的管理模式，这一模式有助于协调区域用水，提高用水效率。

在当前的政绩考评体系下，经济发展仍然是主要的考核项目，因此对于地方政府而言有意愿维护自身区域的水资源权益和社会经济利益，并通过各种途径提高地区的单方水产出效率。地方政府为了区域经济发展，有意愿扩大地方水资源的占有总量，有意愿和能力结合本地区的经济水平与结构、社会发展实际、文化地理条件、地域特征等具体情况，在各产业、各行业、各相关主体之间合理分配水环境资源及相关利益和负担，以实现本地区内水资源的有效配置和相关利益及负担的公平分享与承担，从而实现水资源之经济社会效益的最大化。但对于区域外的流域水资源利益，地方政府则难有意愿和热情承担责任。地方利益，尤其是地方经济利益与流域水资源利益具有内在的矛盾冲突。

因此，地方政府在流域管理中可以且应当发挥作用，即能够在水环境资源的微观

配置中结合地方具体情况，在不同行业、不同主体之间进行相关权益或负担的分配，在区域范围内实现公平和效益。但是，地方政府不能承担流域水资源保护与增进的职责，必须由独立于区域利益之外的流域管理机关在更高层面上代表国家维护流域公共利益，从流域整体的角度，宏观地合理配置水资源及相关利益，使流域内不同区域间的水资源及相关利益趋于平衡，从而最终达到全流域水资源与经济、社会的协调发展，保障流域水资源利益和经济社会利益的和谐共处。由于在地理上流域和区域是一种"直接的、平面的"整体与部分的关系，因而水资源的流域利益与区域利益具有直接的关系。按照公平原则，流域管理机构配置水资源及相关利益于符合一定区域特征的地方政府，而不考虑其传统的行政级别，也不必通过行政层级关系层层配置，以此适应流域与区域的直接关系。

综上所述，依据水资源利益的流域整体性和区域外部性，流域和区域的直接关系，地方政府代表地方利益的角色以及公平和效率的两难选择，流域管理需要双轨运行，即由流域水资源管理部门按照流域总体水量情况分配水量给流域内的各不同区域，并对各区域的取水量进行严格的监督。流域内各区域按照区域内部实际情况，对分配给本区域的水资源进行二次分配，分配给不同的产业、行业使用。在市场经济条件下，"二次分配"可采取宏观调控、市场机制等灵活的分配形式。"双轨"是流域管理中两种不同的水资源配置方式。"双轨的好处"，既能够克服区域外部性、维护流域的整体利益，又能够结合地方的经济、社会、文化地理等具体情况，利用、发挥地方政府的全面管理作用，实现水资源与经济、社会发展的协同化，水资源的最优利用。

水权，一般是指水资源所有权、使用权、水产品与服务经营权等与水资源有关的一组权利的总称。我国《水法》明确规定水资源的所有权归国家和集体所有。水权转移是指需要获取水权者从水权拥有者手中，通过合法程序获得水资源的所有权或使用权。显然，在我国水权交易是针对水资源的使用权。在当前水资源短缺的背景下，通过水权交易可以使水资源向使用效率高的区域、行业流转，从而提高水资源的使用效率。黑河流域中游张掖市作为我国节水型社会建设的试点地区，于2001年开始建立、实施水权制度，开始实行区域内部的水权转让交易。当前的水权转让主要集中在黑河流域各区域内部，以农业用水的水权转让为主。这促进了水资源在农业系统内部的高效利用。

一体化双轨制的水资源分配模式是由流域水资源管理机构根据流域水资源状况将水资源分配给流域内的各区域，各区域再依据自身情况二次分配，把水资源分配给各行业。在这一过程中可以构建两个尺度的水市场，进行水权交易。一个是区域间的水

权交易，即区域间为了实现自己的经济、社会、生态目标，购买或出售水权。另一个
是区域内部的各行业间根据自身的用水需求对水权进行交易。在这两个层面的水权交
易中，前者对于调解流域内用水矛盾的意义显然更大。

区域间的水权交易是以市场经济手段促进流域水资源合理分配的协调机制。水权
交易从形式上可以划分为两种：一种是直接的水权交易，即直接通过水市场对用水权
进行交易；另一种是间接水权交易，即通过其他市场化手段采取其他方式来增加区域
水资源供给。

科学合理的流域水资源管理体系有助于解决水资源供需矛盾、各类用水竞争，协
调上下游左右岸利益、不同水利工程投资关系、经济与生态环境用水效益、平衡当代
社会与未来社会用水、各种水源相互转化等一系列复杂关系。同时，流域内建立以水
权为核心的水资源分配协调机制是对整体性流域水资源管理的有力补充。

# 第十一章　结论和展望

## 第一节　结论

本研究以黑河流域为研究区域，通过社会调查获取了研究所需的第一手资料，并结合相关的社会、经济、环境方面的统计资料和文献资料，运用定量的方法，对黑河流域水资源消费的公平性从时空两方面进行系统研究，并利用夏普里值分解方法，对影响总不平等的决定因素的贡献进行了分析。在此基础上，根据水资源生命周期理论，从水资源开发、配置、利用、废弃和再生利用5个过程出发，构建了黑河流域环境评价和监管综合指标体系。本项目得出以下主要结论。

通过社会调查获取2004年、2010年黑河流域居民家庭消费数据，使用水足迹计算方法获得2004年和2010年黑河流域居民家庭水足迹消费数据，2004年水足迹计算结果表明，黑河流域下游地区人均水足迹大于中游和上游地区的人均水足迹，上游地区的人均水足迹又大于中游地区的人均水足迹。下游64%的乡镇人均水足迹在1100m³/cap/yr以上，上游地区有60%的乡镇人均水足迹在900～1100m³/cap/yr，而中游地区有73.33%的乡镇人均水足迹在600～900m³/cap/yr。另外，结果表明2004年城市家庭人均水足迹总体上高于农村家庭的人均水足迹。城市人均水足迹为2110.94 m³/cap/yr，农村人均水足迹为845.13 m³/cap/yr。

2010年与2004年黑河流域居民家庭人均水足迹比较表明：无论2010年还是2004年，城市人均水足迹均大于农村人均水足迹。2010年城乡人均水足迹差距比2004年城乡人均水足迹差距有缩小的趋势，但缩小的幅度不大。城市人均水足迹2010年地区差距比2004年有缩小趋势。农村人均水足迹2010年与2004年地区差异变化不显著。

使用泰尔指数（the Theil index）和基尼系数（the Gini coefficient）从空间尺度进行分析，结果表明2004年黑河流域水足迹基尼系数为0.59，泰尔指数为0.32，水资源消费呈现出显著的空间差异性。黑河流域城乡结构分解结果表明，2004年黑河流域城乡之间居民家庭水资源消费差异的泰尔指数为0.19，对总差异的贡献为61.28%，远大于城市或农村内部差异对总差异的贡献度。黑河流域上游、中游与下游空间结构分解结果表明，2004年黑河流域上游、中游与下游区际水资源消费泰尔指数为0.14，对总差异的贡献为43.40%，大于上游或下游内部水资源消费差异对总差异的贡献，小于中游内部水资源消费差异对总差异的贡献，中游内部差异对总差异的贡献为55.05%。因此要消除黑河流域水资源消费差异性，需要从城乡和中游内部重点考虑。

结合夏普里值（Shapley Value）方法和回归解析技术分析黑河流域水资源消费的不公平问题。通过研究发现，人口因素是导致水资源消费不公平的最主要因素。地理因素对资源消费不公平的影响居于第二的位置。收入和消费模式成为影响水资源消费不公平的第三和第四个主要因素。居民生活质量对总不公平的影响处于第五的位置，居民受教育水平和社会资本对不公平的影响最小，分别处于第六和第七的位置。在影响水资源消费不公平的各种因素中，人口、地理因素、收入和消费模式对总不公平的贡献超过70%，是黑河流域水资源可持续利用的关键制约因素。

要减少水足迹消费不平等，第一，应该从控制人口数量，提高人口素质方面着手。第二，要改善各区域经济条件，缩小各区域在经济条件上的差异，在相关水资源管理政策的制定与执行时，应当充分考虑各区域经济条件的差异性。同时要给予各地区平等的经济发展条件，构建公平、合理的发展环境，努力实施区域社会经济协调发展战略。第三，应努力改善农村信贷服务，增加农村居民的收入，来减少收入不平等；促进农村落后地区信息、通信与交通条件的改善，加大农村落后地区的财政教育转移支付力度，全面推进教育改革，努力缩小区域间教育水平差异。第四，提高农村居民的生活质量，改善农村居民的饮食结构，调整农产品的消费比重，减少水资源使用强度较大的粮食产品，增加水资源使用强度较小的鲜菜和瓜果。

从可持续发展原则、系统性、水利部"三条红线"和环保部生态红线控制要求出发，在现有流域环境影响评价和监管的实践经验基础上，对已有流域环境影响评价指标体系和流域水资源监管指标体系研究文献中的指标进行收集，采用系统分析方法，基于环境保护目标要求，提出黑河流域环境影响评价和监管指标体系。指标体系围绕生态修复和水土保持、水资源开发利用、节水、水安全保障四个主题来构建，并从制度创新的角度提出流域水资源管理决策部门、流域水资源管理实施部门和黑河流域水资源管理监督部门组织架构。决策部门是流域管理的最高权力机构，实施部门是流域相关决策的具体执行部门，监督部门是监督决策部门和实施部门执行国家法律法规和决策机构制定的政策、规划等。

## 第二节  问题与展望

### 一、存在的问题

本项目对黑河流域环境评价和监管指标体系的研究，虽然取得了一些成果，但由于时间和其他条件的限制，研究深度和广度还不够，还有待于进一步的深化和扩展。主要存在如下问题：

第一，本研究虚拟水计算主要以食物为主，缺少家用电器等工业产品虚拟水计算，因而虚拟水计算不够全面，计算结果比较保守。要全面评价黑河流域的水资源状况，需要从绿水、蓝水和灰水足迹三个方面进行分析评价，特别是灰水足迹的评价。

第二，影响环境公平的可能因素很多，由于缺少有效的数据和度量方法，本研究只列举了其中的一部分，如技术进步的影响就没有包括在内。由于受数据的限制，对环境差异的原因分解只是截面数据的分析，因而得出的是一种静态结论，无法反映影响因子的动态变化过程。

第三，由于有关贫困数据获取的难度较大，分析环境差异性与贫困关系的研究没有展开，从环境差异的角度提出减贫的措施有待开展。

### 二、展望

环境公平只是环境问题的一个方面，从环境公平的角度考察环境问题是一种新的思路，也极具挑战，资源消费公平所涉及的内容极其广泛。本项目可能只起到抛砖引玉的作用，未来资源消费公平性研究方面，可在本项目研究基础上，主要围绕以下几个方面做进一步的探讨：

第一，公平和效率是一对相互制约、相互矛盾的两个方面，在可持续发展原则下，环境与发展、公平与效率必须兼顾，不可偏颇。因此我们在强调公平分配的同时如何权衡公平与效率之间的关系，实现资源的最高价值使用，并保证资源分配的代际公平和代内公平。这方面的研究还有待进一步深入。

第二，对水足迹的核算应从更全面的角度衡量，除了考虑绿水、蓝水足迹之外，还应该将灰水足迹核算纳入水足迹计算中，这样能够更全面衡量水资源利用状况。

第三，将更多的要素纳入环境差异的解释中，如社会制度、技术和文化等，全面分析水资源消费差异的影响因素。从时空两方面来分析环境差异影响因子的变化规律。

第四，进一步分析环境差异与贫困之间的关系，基于环境差异的角度提出减贫的措施。

# 参考文献

［1］Iskandar A，Charlotte D F，Mark G，et al.Agricultural water use and trade in Uz-bekistan：Situation and potential impacts of market liberalization. Water Resources Development，2009，25（1）：47-63.

［2］Akbr N M，khwaja M A. Study on effluents from selected sugar mills in Paki-stan：Potential environmental，health，and economic consequences of an excessive pollu-tion load. Islamabad：Sustainable Development Policy Institute，Pakistan，2006：30-50.

［3］Allan J A. Fortunately there are substitutes for water otherwise our hydro-political futures would be impossible.In ODA，Priorities for Water Resources Allocation and Manage-ment，ODA：London，UK，1993：13-26.

［4］Allan J A. Overall perspectives on countries and regions. Water in the Arab World：Perspectives and Prognoses. Massachusetts：Harvard University Press，1994：65-100.

［5］Allan J A.Virtual water：a long-term solution for water short Middle Eastern eco-nomics? British Association Festival of Science.University of Leeds Press，1997：519-520.

［6］Athar H，Peter L，Nicholas S.Income inequalities in China：Evidence from household survey data.World Development，1994，22（12）：1947-1957.

［7］Atkinson A B.On the measurement of inequality.Journal of Economic Theory.1970，2：244-263.

［8］Aubauer H. A just and efficient reduction of resource throughput to optimum. Ecological Economics，2006，58：637-649.

［9］Andrew D. Justice and the environment：conceptions of environmental sustainabil-ity and theories of distributive justice. 1998：63-84.

［10］Azar C，Holmberg J，Lindgren K. Socio-ecological indicators of sustainability. Ecological Economics. 1996，18：89-112.

［11］ Blinder A S. Wage Discrimination: reduced form and structural estimate.Journal of Human Resources, 1973, 8: 436–455.

［12］ Bourguignon F, Fournier M, Gurgand M.Fast development with a stable income distribution: Taiwan, 1979–1994.Review of Income and wealth, 2001, 47: 139–163.

［13］ Bruinsma J. Word agriculture: Towards 2015/2030: An FAO perspective, Earthscan, London, UK, 2003: 432.

［14］ Burke L M.Race and Environmental Equity: A geographic analysis in Los Angeles.Geo– InfoSystems, 1993, 3 (9): 44–50.

［15］ C A Water Database Aral Sea, CAWater–info, Portal of knowledge for Water and Environmental Issues in Central Asia, 2012, www.cawater–info.net

［16］ Chapagain A K, Hoekstra A Y, Savenije H H G.Water saving through international trade of agricultural products.Hydrology and Earth System Sciences, 2006, 10(3): 455–468.

［17］ Chapagain A K, Hoekstra A Y.Water footprints of nations, Value of Water Research Report Series No16.IHE DELFT, 2004: 17–39.

［18］ Chapagain A K, Hoekstra A Y.Virtual water trade: a quantification of virtual water flows between nations in relation to international trade of livestock and livestock products. Virtual Water Trade: Proceedings of the International Expert Meeting on Virtual Water Trade. IHE Delft, 2003: 49–76.

［19］ Chen J, Fleshier B M.Regional income inequality and economic growth in China. Journal of Comparative Economics, 1996, 22 (2): 141–164.

［20］ Dalton. H. The measurement of the inequality of incomes. The Economic Journal, 1920, 30: 348– 361.

［21］ Deaton A.The analysis of household surveys, Johns Hopkins University Press, 1997: 51–87.

［22］ Dinardo J F, Nicole M, Lemieux T. Labor market institutions and the distribution of wages, 1973– 1992: A Semiparametric Approach.Econometrica, 1996, 64(5): 1001–1044.

［23］ Druckman A, Jackson T. Measuring resource inequalities: The concepts and methodology for an area–based Gini coefficient. Econological Economics, 2008, 65: 242–252.

〔24〕 Edith B W. Intergenerational fairness and rights of future generations.Intergenerational Justice Review, 2002 (3).

〔25〕 FAO. Food and Agriculture Organization of the United Nations. Rome, Italy, 2012, http: //faostat.fao.org.

〔26〕 Feng Q, Cheng G D, Masao M K.Trends of water resource development and utilization in arid north-west China.Environment Geology, 2000, 39 (8): 831-838.

〔27〕 Feng Q.Sustainable utilization of water researches in Gansu province.Chinese Journal of Arid Land Research, 1999, 11 (4): 293-299.

〔28〕 Feng Q, Endo K N, Cheng G D.Towards sustainable development of the environmentally degraded arid river of China-a case study from Tarim River.Environment Geology, 2001, 40 (2): 229-238.

〔29〕 Fernandez E, Saini R P, Devadas V. Relative inequality in energy resource consumption: a case of Kanvashram village, PauriGarhwal district, Uttranchall (India). Renewable Energy.2005, 30 (5): 763-772.

〔30〕 Gary S F, Gyeongjoon Y. Falling labor income inequality in Korea's economic growth: patterns and underlying causes.Review of Income and Wealth, 2000, 46(2): 139-159.

〔31〕 Vasco M, Guanghua W.Discovering sources of inequality in transition economies: a case study of rural Vietnam. Economic Change and Restructuring.2008, 41(1): 75-96.

〔32〕 Hoekstra A Y. Virtual water trade: an introduction.Virtual Water Trade.Value of Water Research Report Series.IHE Delft, 2003: 13-23.

〔33〕 Jacobson A, Milman A D, Kammen D M. Letting the (energy) Gini out of the bottle: Lorenz curves of cumulative electricity consumption and Gini coefficients as metrics of energy distribution and equity.Energy Policy, 2005, 33 (14): 1825-1832.

〔34〕 Juhn C, Murphy K M, Brooks P. Wage inequality and the rise in returns to skill. Journal of Political Economy, 1993, 101: 410-442.

〔35〕 Kolm S C. The Optimal Production of Social Justice. London: Macmillan, 1969: 145-200.

〔36〕 Morduch J, Terry S.Rethinking inequality decomposition, with evidence from rural China.Economic Review, 2002, 112: 93-106.

［37］ Oaxaca, R. Male female wage differences in urban Labor Markets.International Economic Review, 1973, 14: 693-709.

［38］ Papathanasopoulou E, Jackson T.Measuring fossil resource inequality-a longitudinal case study for the UK: 1968-2000. Ecological Economics, 2009, 68: 1213-1225.

［39］ Ravi K, Xiaobo Z. Which regional inequality?the evolution of rural-urban and inland- coastal inequalityin China from 1983 to 1995.Journal of Comparative Economics, 1999, 27: 686-701.

［40］ Robert R H, Easter K W. Water Allocation and Water Markets (World Bank Technical Paper No.315) .Washington DC, The world Bank, 1995.http: //documents. worldbank.org/curated/en/168401468743722296/Water- allocation- and- water- markets- an-analysis-of-gains-from-trade-in-Chil

［41］ Saboohi Y.An evaluation of the impact of reducing energy subsidies on living expenses of households. Energy Policy, 2001, 29 (3): 245-252.

［42］ Scandrett E, McBride G, Dunion K. The campaign for environmental justice in Scotland.Local Environment, 2000, 5(4): 467-474.

［43］ Sen A K, Foster J E.On Economic Inequality.Oxford: Clarendon Press, 1973.

［44］ Sheshinski E. Relation between a social welfare function and the Gini index of income inequality. Journal of Economic Theory, 1972, 80 (1): 139-147.

［45］ Shorrocks A F. The class of additively decomposable inequality measures. Econometrica, 1980, 48: 613-625.

［46］ Shorrocks A F. Inequality decomposition by fact or components. Econometrica, 1982, 50, 193-211.

［47］ Shorrocks A F. Decomposition procedure for distributional analysis: a unified framework based on the shapleyvalue. Department of Economics, University of Essex, 1999: 23-30.

［48］ Stretesky P, Hogan M J.Environmental justice: An analysis of superfund sites in Florida.Social Problems, 1998, 45 (2): 268-287.

［49］ Theil H.Economics and Information Theory. Amsterdam: North- Holland, 1967: 488.

［50］ Thomas J W. Diet and the distribution of environmental impact. Ecological Economics, 2000, 34: 145-153.

［51］Thomas J W. Sharing resources：The global distribution of the Ecological Footprint.Ecological Ecomonics，2007，64：402-410.

［52］Tilman D，Wedln D，Knops J. Productivity and sustainability influenced by biodiversity in grassland ecosystems.Nature，1996，379：718-720.

［53］Tol R S J，Downing T E，Kuik O J，et al.Distributional aspects of climate change impacts.Global Environmental Change Part A，2004，14（3）：259-272.

［54］Page T.Intergenerational justice as opportunity.Energy and the Future，1982：38-58.

［55］Wan G H. Regression-based Inequality Decomposition：Pitfalls and a Solution Procedure.World Institute for DevelopmentEconomics research discussion paper，2002.

［56］Wan G H. Accounting for income inequality in rural China：a regression-based approach.Journal of Comparative Economics，2004：348-363.

［57］Xu Z M，Cheng G D，Chen D J，et al.Economic diversity，development capacity and sustainable development of China.Ecological economics，2002，40(3)：369-378.

［58］Zhang X B，Zhang K.How does globalization affect regional inequality with a developing country? Evidence from China.Journal of development studies，2003：47-67.

［59］Zimmer D，Renault D.Virtual water in food production and global trade：review of methodological issues and preliminary results.Virtual Water Trade.IHE Delft，2003：93-107.

［60］陈基湘，姜学民. 试论自然资源的公平性. 资源科学，1998，20（3）：1-5.

［61］陈庆伟，刘昌明，郝芳华. 水利规划环境影响评价指标体系研究. 水利水电技术，2007，38（4）：8-11.

［62］程国栋. 虚拟水——中国水资源安全战略的新思路. 中国科学院院刊，2003（4）：260-265.

［63］成思危. 中国经济改革与发展研究. 北京：中国人民大学出版社，2008.

［64］范红兵，周敬宣. 环境评价指标体系战略框架研究. 环境科学与管理，2008，33（11）：191-194.

［65］方创琳. 黑河流域生态经济带分异协调规律与耦合发展模式. 生态学报，2002，22（5）：699-708.

［66］方创琳，刘海燕. 快速城市化进程中的区域剥夺行为与调控路径. 地理学报，2007，62（8）：849-860.

［67］傅尔林，陈鸿宇，曾建生．论流域可持续发展中的效率与公平关系．生态经济，2001（3）：15-17.

［68］高前兆，李福兴．黑河流域水资源治理开发利用．兰州：甘肃科学技术出版社，1988：1-10.

［69］顾洪宾，喻卫奇，崔磊．中国河流水电规划环境影响评价．水力发电，2006.

［70］洪大用．环境公平：环境问题的社会学视点．浙江学刊，2001（4）：67-73.

［71］洪兴建．基尼系数理论研究．北京：经济科学出版社，2008.

［72］黄和平．基于多角度基尼系数的江西省资源环境公平性研究．生态学报，2012，32（20）：6431-6439.

［73］霍尔姆斯·罗尔斯顿．环境伦理学．杨通进，译．北京：中国社会科学出版社，2000.

［74］户田清．环境正义の思想．加藤尚武，编．环境と伦理—自然と人间の共生．有斐阁，1999.

［75］建设部．关于加强城镇污水处理厂运行监管的意见．北京规划建设，2004：6.

［76］梁彤伟，李露亮．可持续发展中的公平与效率问题．地域研究与开发，1998，17（1）：34-35.

［77］刘清慧，那辉，李雪萍．浅析规划环境影响评价指标体系的构建．黑龙江环境通报，2008，32（1）：79-81.

［78］刘树坤．中国水利现代化初探．水利发展研究，2002，2（12）：7-11.

［79］刘慧．区域差异测度方法与评价．地理研究．2006，25（5）：710-718.

［80］刘国涛．环境与资源保护法学．北京：中国法制出版社，2004.

［81］李春晖，杨勤业．环境代际公平判别模型及其应用研究．地理科学进展，2000（3）：220-226.

［82］李文苑．环境法上的环境概念探析．能源与环境，2007：67-69.

［83］李奕，韩广，邹甜．浅议美国的环境公正．中国环境管理，2004（9）：24-26.

［84］李友辉，孔琼菊，马秀峰，等．流域梯级开发环境影响评价指标体系研究．水电能源科学，2010，28（5）.

［85］李玉文，徐中民．社会资本定量评价方法及应用——以黑河流域为例．冰

川冻土，2007，29（5）：830-836.

　　［86］李竺霖. 小城镇工业园区规划环境影响评价指标体系及案例研究. 杭州：浙江大学，2013.

　　［87］龙爱华，徐中民，张志强，等. 甘肃省2000年水资源足迹的初步估算. 资源科学，2005，27（3）：123-129.

　　［88］龙爱华，徐中民，张志强. 西北四省（区）2000年的水资源足迹. 冰川冻土，2003，25（3）：692-700.

　　［89］龙爱华，张志强，徐中民，等. 甘肃省水资源足迹与消费模式分析. 水科学进展，2005，16（3）：418-425.

　　［90］罗尔斯. 正义论. 何怀宏，等，译. 北京：中国社会科学出版社，1988.

　　［91］罗伯特·K. 默顿. 社会研究与公共政策. 林聚任，等，译，北京：生活·读书·新知三联书店，2001.

　　［92］马缨，美国环境公平概述. 国外社会科学，2003（2）：19-23.

　　［93］聂华林，杨建国. 西北地区水资源合理利用与均衡分配的伦理经济学分析. 兰州商学院学报，2001，17（2）：22-25.

　　［94］聂月爱. 人口素质与消费模式. 理论探索，2003（3）：481.

　　［95］〔美〕诺兰，等. 伦理学与现实生活. 姚新中，等，译. 北京：华夏出版社，1988：407-408.

　　［96］潘岳. 环境保护与社会公平. 绿色视野，2005（1）：4-9.

　　［97］彭浩. 黑河流域居民生活质量研究. 兰州：中国科学院寒区旱区环境与工程研究所，2006.

　　［98］戚道孟. 环境法. 天津：南开大学出版社，2001.

　　［99］任建华，李万寿，张婕. 黑河干流中游地区耗水量变化的历史分析. 人民黄河，2002，24（9）：27-29.

　　［100］任建华. 黑河流域水资源开发对生态环境的影响. 水土保持通报，2005，25（40）：94-97.

　　［101］宋国平，周治，王浩绮，等. 中国环境公平探讨. 科技与经济，2005，（3）：35-37.

　　［102］唐占辉，盛连喜，马逊风，等. 流域开发建设规划环境影响评价的编制方法及评价指标体系的建立. 吉林水利，2005（2）：1-3.

　　［103］田良. 环境影响评价研究. 兰州：兰州大学出版社，2004.

［104］王金南，逯元唐，周劲松，等．基于GDP的中国资源环境基尼系数分析．中国环境科学，2006，26（1）：111-115．

［105］王俊豪．政府管制经济学导论．北京：商务印书馆，2001．

［106］王伟．生存与发展——地球伦理学．北京：人民出版社，1995：258-259．

［107］王新华．中部四省虚拟水贸易的初步研究．中国农村水利水电，2004（9）：30-33．

［108］万广华．解释中国农村区域间的收入不平等：一种基于回归方程的分解方法．经济研究，2004，8．

［109］万广华．经济发展与收入不均等：方法和证据．上海：上海人民出版社，2006．

［110］温海霞．基于环境公平理论对我国环境政策评析及调整对策研究．天津：天津大学，2006．

［111］吴文恒，牛叔文．中国省区消费水平差异对资源环境影响的比较．中国人口资源与环境，2008，18（4）：121-127．

［112］武翠芳，徐中民．黑河流域生态足迹空间差异分析．干旱区地理，2008，31（6）：799-806．

［113］肖洪浪．中国水情——水源、水患、水利．北京：开明出版社，2000．

［114］肖洪浪，程国栋．黑河流域水问题与水管理的初步研究．中国沙漠．2006，26（1）：1-5．

［115］徐宽．基尼系数的研究文献在过去80年是如何拓展的．经济学，2003，2（4）：757-778．

［116］徐玉高，等．可持续发展中的公平与效率问题．清华大学学报：哲学社会科学版，2000，15（4）：7-12．

［117］徐中民，张志强，程国栋．甘肃省1998年生态足迹计算与分析．地理学报，2000，55（5）：607-616．

［118］徐中民，龙爱华，张志强．虚拟水的理论方法及在甘肃省的应用．地理学报，2003，58（6）：861-869．

［119］徐中民，程国栋．中国人口和富裕对环境的影响．冰川冻土，2005，27（5）：767-773．

［120］徐中民，程国栋，邱国玉．可持续性评价的ImPACTS等式．地理学报，2005，60（2）：198-208．

　　[121] 徐中民，张志强，程国栋. 生态经济学理论方法与应用. 郑州：黄河水利出版社，2003：190 -192

　　[122] 徐友浩，温海霞，钟定胜. 环境公平理论及其对我国可持续发展的启示. 天津大学学报，2005，7 （6）：444- 448.

　　[123] 徐嵩龄. 环境伦理学进展：评论与阐释. 北京：社会科学文献出版社，1999.

　　[124] 薛联芳，邱进生，戴向荣. 流域水电开发规划环境影响评价指标体系的初步探讨. 水电站设计，2007，23 （3）：12-14.

　　[125] 亚里士多德. 尼各马可伦理学. 苗力田，译. 北京：中国社会科学出版社，1990：148.

　　[126] 张仁田. 区域水资源可持续利用研究. 南京：河海大学，2004.

　　[127] 张兴杰. 跨世纪的忧患——影响中国稳定发展的主要社会问题. 兰州：兰州大学出版社，1998.

　　[128] 张音波，麦志勤，陈新庚，等. 广东省城市资源环境基尼系数. 生态学报，2008，28 （2）：728-734.

　　[129] 中华人民共和国水利部. 黑河流域近期治理规划. 北京：中华人民共和国水利部，2001.

　　[130] 周永红，赵言文，施毅超. 水利规划环境影响识别及评价指标体系——以南通市为例. 节水灌溉，2008 （8）：89-91.

　　[131] 邹家祥，李志军，刘金珍. 流域规划环境影响评价及对策措施. 水资源保护，2011，27 （5）：7-12.

　　[132] 邹家祥，袁丹红，傅慧源. 江河流域规划环境影响评价指标体系的探讨. 水电站设计，2007，23 （3）：15-20.

　　[133] 左玉辉，华新，柏益尧，等. 环境学原理. 北京：科学出版社，2010.

# 附　录

编号＿＿＿＿＿＿＿

## 黑河流域城市居民家庭生活消费调查（部分）

尊敬的朋友：

　　您好！

　　我们是×××的调查员。为了全面了解黑河流域居民家庭生活消费情况，及时向政府有关部门反映居民日常生活存在的主要困难和问题，并为更好地解决这些问题提供建议，我们组织了这次针对黑河流域居民家庭消费情况的大型调查，希望能得到您的支持和帮助！

　　由于我们并不代表任何官方机构，我们只是对您诚实的意见感兴趣，所以为消除您的疑虑，我们的调查问卷设计是不用填写姓名的，您的回答决不会给您今后的生活带来任何不便。

　　衷心感谢您的支持和协助！

　　敬礼！

单位：×××

2011年4月

# 调查问卷

填表说明：问卷中的选择题均为单选，请在您选择的选项上打"√"或画"○"；为了方便您填写，问卷对一些问题提供了两种时间尺度，如"_____天（或____月）"等，您可以选择填写；当您对调查项的消费数量不清楚时，您可以在"_____元（或月_____元）"填入对应的金钱支付。

一、基本信息

1.您的年龄（周岁）是_____岁。

2.您的性别是：（1）男；（2）女。

3.您的民族是_____族。

4.您家里的常住人口有_____口人。

5.您受教育的程度：

（1）小学及小学以下；（2）初中；（3）高中或中专；（4）大专；（5）大学本科；（6）大学本科以上。

二、食物消费调查

说明：问卷对一些问题提供了两种时间尺度，您可以选择填写，并请您在您没有选择的时间尺度上打"\"。例如，如果您想表达"一个月吃了10斤"正确的填法为"一个月（或～年）吃10斤"；如果您想表达"一年吃了10斤"，正确的填法为"～个月（或一年）吃10斤"。

6.一般来讲，您家里一个月（或一年）吃大米_____斤。

7.一般来讲，您家里一个月（或一年）吃面粉_____斤。

8.您家里除了吃大米、面粉外，如果还吃其他的粮食，请您选择主要的几种填写；如果没有，请直接回答第9题。

（1）（何种粮食）_____，一年（或一个月）吃_____斤；

（2）（何种粮食）_____，一年（或一个月）吃_____斤；

（3）（何种粮食）_____，一年（或一个月）吃_____斤；

（4）（何种粮食）_____，一年（或一个月）吃_____斤。

9.一般来讲，您家里一个月（或一年）吃植物油_____斤。

10.一般来讲，您家里一个月（或一年）吃土豆_____斤。

11.请依照您家的实际情况，选择回答（没有的项不必填写）：

（1）如果您家里日常喝的是袋装牛奶，一般来讲，您家里一天（或一个月）喝____袋牛奶；

（2）如果您家里日常喝的是鲜奶，一般来讲，您全家每天喝_____斤鲜奶；

（3）如果您家里日常是冲奶粉喝，一般来讲，一个月（或一年）喝_____袋奶粉。

12.请依照您家的实际情况，从下面问题中选择一个回答：

（1）一般来讲，您家里一天吃_____个鸡蛋；

（2）一般来讲，您家里一周（或一个月）吃鸡蛋_____斤。

13.一般来讲，您家里一个月（或一年）吃糖_____斤。

14.一般来讲，您家里一个月（或一年）吃大肉_____斤。

15.一般来讲，您家里一个月（或一年）吃鸡肉_____斤。

16.一般来讲，您家里一个月（或一年）吃羊肉_____斤。

17.一般来讲，您家里一个月（或一年）吃牛肉_____斤。

18.一般来讲，您家里一个月（或一年）吃鱼_____斤。

19.您家里有_____个人吸烟。一般来讲，他们每天总共吸_____盒烟。

20.一般来讲，您家里一周（或一个月）喝_____斤白酒；一周（或一个月）喝_____瓶啤酒。

21.一般来讲，您家里一个月（或一年）喝_____瓶饮料。

您家所喝的饮料通常是：

（1）大瓶（1.25升或更大）；（2）中瓶（500毫升）；（3）小瓶（350毫升或更小）。

22.夏、秋季蔬菜种类较多，供应充足，一般情况下，在夏、秋季节，您家里一天（或一周）吃_____斤蔬菜（不包括土豆）；

冬、春季蔬菜种类较少，一般来讲，在冬、春季节，您家里一周（或一个月）吃_____斤蔬菜（不包括土豆）。

23.夏、秋季节，市场上的水果供应充足，一般情况下，在夏、秋季节，您家里一天（或一周）吃_____斤水果（各种水果总计）；

冬、春季节，市场上的水果供应较少，一般情况下，在冬、春季节，您家里一周（或一个月）吃_____斤水果（各种水果总计）。

三、居住情况

27.一般情况下，您家里一个月（或一年）支付的自来水水费是_____元，自来水水价_____元/吨。

五、其他

29.您家里2010年的收入是_____元。您的家里有_____口人有经济收入。您自己2010年的收入是_____元。

34.您对我们的调查问卷是否还有什么意见或建议，如果有，请您写下来。

_____

最后，再次感谢您对我们工作的大力帮助！

如果您填写的问卷被我们遗失，请您按照下面的地址寄回：

地址：省略（收）

邮政编码：省略

_____

调查员注意事项：a.请填写填表地点（本页左下）；

b.请核对给出两种尺度的问题，被调查者是否重复填写数据；

c.请核对12题只回答一个问题。

调查地点：_____县/区

调查员：_____          调查日期：2011年_____月_____日

编号_____

## 黑河流域农村居民家庭生活消费调查（部分）

尊敬的朋友：

　　您好！

　　我们是×××的调查员。为了全面了解黑河流域居民家庭生活消费情况，及时向政府有关部门反映居民日常生活存在的主要困难和问题，并为更好地解决这些问题提供建议，我们组织了这次针对黑河流域居民家庭消费情况的大型调查，希望能得到您的支持和帮助！

　　由于我们并不代表任何官方机构，我们只是对您诚实的意见感兴趣，所以为消除您的疑虑，我们的调查问卷设计是不用填写姓名的，您的回答决不会给您今后的生活带来任何不便。

　　衷心感谢您的支持和协助！

　　敬礼！

地址：×××

2011年4月

# 调查问卷

填表说明：问卷中的选择题均为单选，请在您选择的选项上打"√"或画"○"；为了方便您填写，问卷对一些问题提供两种时间尺度，如"＿＿＿天（或＿＿月）"等，您可以选择填写；当您对调查项的消费数量不清楚时，您可以在"＿＿元（或月＿＿元）"填入对应的金钱支付。

一、个人基本信息

1.您的年龄（周岁）是＿＿＿岁。

2.您的性别是：1.男；2.女。

3.您的民族是＿＿＿族。

4.您家里的常住人口有＿＿＿口人。

5.您受教育的程度：

（1）没上过学；（2）小学；（3）初中；（4）高中或中专；（5）大学或大专；（6）大学以上。

二、食物消费调查

说明：问卷对一些问题提供了两种时间尺度，您可以选择填写，并请您在您没有选择的时间尺度上打"\"。例如，如果您想表达"一个月吃了10斤"正确的填法为"一个月（或一年）吃10斤"；如果您想表达"一年吃了10斤"，正确的填法为"一个月（或一年）吃10斤"。

6.一般来讲，您家里一个月（或一年）吃大米＿＿＿斤。

7.一般来讲，您家里一个月（或一年）吃面粉＿＿＿斤。

8.您家里除了吃大米、面粉外，如果还吃其他的粮食，请您选择主要的几种填写；如果没有，请直接回答第9题。

（1）（何种粮食）＿＿＿，一年（或一个月）吃＿＿＿斤；

（2）（何种粮食）＿＿＿，一年（或一个月）吃＿＿＿斤；

（3）（何种粮食）＿＿＿，一年（或一个月）吃＿＿＿斤；

（4）（何种粮食）＿＿＿，一年（或一个月）吃＿＿＿斤。

9.一般来讲，您家里一个月（或一年）吃植物油＿＿＿斤。

10.一般来讲，您家里一个月（或一年）吃土豆＿＿＿斤。

11.请依照您家的实际情况，选择回答（没有的项不必填写）：

（1）如果您家里平时喝的是袋装牛奶，一般来讲，您家里一天（或一个月）喝

_____袋牛奶；

（2）如果您家里平时喝的是鲜奶，一般来讲，您全家每天喝_____斤鲜奶；

（3）如果您家里平时是冲奶粉喝，一般来讲，一个月（或一年）喝_____斤奶粉。

12.请依照您家的情况，选择下面问题中的一个回答：

（1）一般来讲，您家里一天吃_____个鸡蛋；

（2）一般来讲，您家里一个月（或一年）吃鸡蛋_____斤。

13.一般来讲，您家里一个月（或一年）吃糖_____斤。

14.一般来讲，您家里一个月（或一年）吃大肉_____斤。

15.一般来讲，您家里一个月（或一年）吃鸡肉_____斤。

16.一般来讲，您家里一个月（或一年）吃羊肉_____斤。

17.一般来讲，您家里一个月（或一年）吃牛肉_____斤。

18.一般来讲，您家里一个月（或一年）吃鱼_____斤。

19.您家里有_____个人吸烟。一般来讲，他们每天总共吸_____盒烟。

20.一般来讲，您家里一个月（或一年）喝_____斤白酒；一个月（或一年）喝_____瓶啤酒。

21.一般来讲，您家里一个月（或一年）喝_____瓶饮料。

您家所喝的饮料通常是：

（1）大瓶（1.25升或更大）；（2）中瓶（500毫升）；（3）小瓶（350毫升或更小）。

22.夏、秋季蔬菜种类较多，供应充足，一般情况下，在夏、秋季节，您家里一天（或一个月）吃_____斤蔬菜；

冬、春季蔬菜种类较少，一般情况下，在冬、春季节，您家里一天（或一个月）吃_____斤蔬菜。

23.夏、秋季节，水果供应充足，一般情况下，在夏、秋季节，您家里一天（或一个月）吃（各种水果总计）_____斤水果。

冬、春季节，水果供应较少。一般情况下，在冬、春季节，您家里一天（或一个月）吃（各种水果总计）_____斤水果。

三、居住情况

27.一般情况下，您家一个月（或一年）的自来水水费平均是_____元，自来水水价是_____元/吨。

五、其他

说明：毛收入是指您家中的所有的包括各种农业、非农业和打工、个体经营等带来的总收入，是没有扣除任何成本之前的收入；纯收入，是指在毛收入中扣除水费、种子、化肥、税费、经营成本等投入之后的收入。

29.您家里2010年毛收入是_____元，纯收入是_____元。您家里有_____口人有经济收入，您自己在2010年的纯收入是_____元。

33.您对我们的调查问卷是否还有什么意见或建议，如果有，请您写下来。

_____

_____

最后，再次感谢您对我们工作的大力帮助！

如果您填写的问卷被我们遗失，请您按照下面的地址寄回：

地址：省略（收）

邮政编码：省略

_____

_____

调查员注意事项：

a.请填写填表地点（本页左下）；

b.请核对给出两种尺度的问题，被调查者是否重复填写数据；

c.请核对12题只回答一个问题；21题只选一种。

调查地点：_____县/区_____乡/镇

调查员：_____

调查日期：2011年_____月_____日